好食尚

天天爱吃素

杨桃美食编辑部 主编

U0384071

江苏凤凰科学技术出版社　凤凰含章

原来素食也可以如此丰富又好吃

平常吃多了大鱼大肉，是否也想换换口味？不妨试试素食料理吧！很多人都知道吃素的好处，只是总抵挡不了肉食的美味诱惑；也有人说吃不惯素菜，总觉得外卖的素食，味道太淡、吃起来太过油腻或有一股特殊的味道。

谁说素食料理就一定口味清淡或一陈不变，运用创意巧思和丰富的调味方式，本书呈现的将近400道素食料理吃起来不仅滋味大不同，风味更是超乎你想象的好，外观更有以假乱真的荤素难辨的变化性。不禁让人感叹，原来素食料理也可以如此丰富和美味。

吃素好处多

1. 降低胆固醇含量：素食者血液中所含的胆固醇通常比荤食者少，而如果血液中胆固醇含量太多，往往会造成血管阻塞，容易罹患高血压、心脏病等病症。

2. 减轻肾脏负担：由于各种动物和人体内的废物，都需经由血液带至肾脏排除，荤食者所食用的肉类，含有动物血液，因而加重了肾脏的负担。

3. 养生抗老：根据多项医学研究显示，许多植物都含有抗癌物质，多食可减少罹患癌症的机会。

4. 美容瘦身：蔬果中含有丰富的维生素，能使肌肤美丽年轻。尤其肉类比植物含有更多的脂肪，因而肉吃多了脂肪也变多。荤食者若摄取过多的蛋白质，其中过量的蛋白质也会转变成脂肪。

5. 经济实惠：大多数的蔬食价格便宜，尤其是植物性蛋白质（豆类）比肉类便宜许多。

注：①本书部分食谱用到酒类，不食酒类之素食者，请斟酌使用。

备注：全书1大匙（固体）≈15克　　1小匙（固体）≈5克
　　　1茶匙（固体）≈5克　　　　1杯（固体）≈227克
　　　1茶匙（液体）≈5毫升　　　1大匙（液体）≈15毫升
　　　1小匙（液体）≈5毫升　　　1杯（液体）≈240毫升

目录 CONTENTS

3 导读 原来素食也可以如此丰富又好吃

8. 素食常用食材
10. 素食常用配料
11. 素食常用调味料

12. 素食高汤DIY
　　炒菜用素高汤、熬汤用素高汤、蔬菜
　　素高汤、海带香菇素高汤
14. 素食大变身　真假难辨的素料

16 40道人气素食料理篇

麻婆豆腐·············18
三杯杏鲍菇·············19
糖醋素排·············20
茶香素子排·············21
红烧狮子头·············23
生炒香油腰花·············24
白菜卤·············25
红烧烤麸·············25
烤素方·············26
干煸四季豆·············27
素瓜仔肉·············27
生菜虾松·············28
炸香酥响铃·············29
镶豆腐·············30

蟹黄粉丝煲·············31
酸菜炒面肠·············31
糖醋鱼球·············32
粉蒸排骨·············33
卤油豆腐·············34
菠萝蜜汁火腿·············34
白果炒芦笋·············35
西红柿炒豆包·············36
红烧冬瓜·············36
花菇香卤萝卜·············37
花生面筋·············37
什锦素卤味·············38
彩椒炒百合·············38
腐皮卷·············39

圆白菜卷·············40
佛跳墙·············41
清蒸素鱼排·············42
香菇盒子·············42
鲜菇烩豆苗·············43
菜根香炒饭·············43
香菇素面线·············45
素食养生锅·············46
蟹黄白菜·············47
炒鳝糊·············48
什锦炒饼·············49
雪里红炒豆干·············49

50 煎炒烧烩素食料理篇

52 善用锅具 轻松煎炒

宫保圆白菜缨·············54
银芽炒彩椒·············54
枸杞香油炒山药·············55
西芹炒鲜带子·············56
红椒干丝豇豆·············57
香辣莲子粒·············57
西红柿炒素肉酱·············58
什锦小黄瓜·············59
泡椒木耳·············60
木耳娃娃菜·············60
麻辣土豆丝·············61
红曲笋尖·············61

53 素食快炒 好吃秘诀

白果烩三丁·············62
龙须苍蝇头·············63
芹菜炒藕丝·············63
鱼香茄子·············64
毛豆剑笋·············65
芝麻炒牛蒡·············65
咸酥地瓜·············66
黑胡椒土豆·············66
糖醋山药·············67
素小炒·············68
菠萝炒木耳·············68
红糟茭白·············69

素蟹肉丝白菜·············69
素火腿圆白菜·············70
鲜花生炒圆白菜·············70
蚝油鲍鱼菇·············71
翠绿雪白·············72
香菜草菇·············73
油醋香菇·············73
竹笋豆干丝·············74
辣炒酸菜·············74
萝卜炒海带·············75
枸杞炒川七·············75
糊辣素鸡球·············76

黑椒素鸡柳…………… 77
麻辣鸡丁……………… 77
油淋去骨鸡…………… 78
锅巴香辣鸡…………… 79
左宗棠鸡……………… 79
辣子鸡丁……………… 80
莲藕炒素肉…………… 80
回锅素肉……………… 81
碧玉笋炒素五花……… 82
橙汁子排……………… 82
香芋子排煲…………… 83
香辣排骨酥…………… 84
鱼香素肉丝…………… 85
京酱素肉丝…………… 85
红烧肥肠……………… 86
三杯素肠……………… 86
酱爆素肥肠…………… 87
姜丝炒大肠…………… 88
酸菜炒素肚…………… 89
豆酱炒素肚…………… 89
五彩腰花……………… 90
芦笋炒腰花…………… 91
沙茶炒素腰花………… 91
西兰花炒素米血……… 92

秋葵素炒鱼片………… 93
酸辣素鱿鱼…………… 94
豆酥素牡蛎…………… 94
豆豉牡蛎……………… 95
锅贴鱼片……………… 96
炒素鳝鱼……………… 96
白果烧素鳗…………… 97
芦笋炒素虾仁………… 98
西芹炒素鱿鱼………… 98
宫保鱿鱼……………… 99
豆包炒杏菇面………… 100
豉汁花干……………… 101
剑笋炒花干…………… 101
姜汁豆包……………… 102
香煎豆包……………… 102
蚂蚁上树……………… 103
麻辣皮蛋……………… 104
辣椒丝炒蛋…………… 104
素香松………………… 105
川味茄子煲…………… 106
金针菇烩芥菜………… 107
芥菜干贝……………… 107
酱烧青椒……………… 108
双冬扒青菜…………… 108

红烧当归杏鲍菇……… 109
什锦菇烩……………… 109
素蟹黄黑珍珠菇……… 110
梅汁苦瓜……………… 110
杏鲍菇烩圆白菜……… 111
油辣鸡片……………… 112
红烧素鸭……………… 113
红烧素丸子…………… 113
五更肠旺……………… 114
五柳素鱼……………… 115
水煮素鱼片…………… 116
红烧鱼块……………… 117
干烧素鱼……………… 117
年年有余……………… 118
干烧豆包……………… 119
蟹黄豆腐……………… 119
豆酱烧豆腐…………… 120
香椿酱烧百叶………… 120
姜汁豆腐烧…………… 121
烩什锦………………… 122
素烩全家福…………… 122
老烧蛋………………… 123
湖南蛋………………… 123

124 烤炸凉拌 素食料理篇

126 油炸必懂 一眼看穿油温   126 油炸必懂 基本油炸用具
127 烧烤必懂 加分小技巧

香酥蔬菜拼………… 128
炸什锦天妇罗……… 129
香根金针菇………… 130
酥脆香茄皮………… 130
酥炸藕片…………… 131
酥炸上菇…………… 131
炸香菇丸…………… 132
炸吉利薯球………… 133
炸山药素肉丸……… 134
炸面托丝瓜………… 135
脆皮丝瓜…………… 136
炸牛蒡天妇罗……… 136
椒麻脆皮鸡………… 137
五香炸鸡腿………… 138
炸素鸡卷…………… 139
椒盐里脊…………… 140

炸素肠……………… 141
脆皮素肥肠………… 141
黑胡椒肉排………… 142
炸咸酥鸡…………… 142
炸脆皮凤尾虾……… 143
素牡蛎酥…………… 144
炸香菇素螺肉……… 145
百花素鲍鱼………… 145
炸长相思…………… 146
炸粉条春卷………… 147
炸芋头糕…………… 148
炸素米血…………… 148
炸半月豆皮饺……… 149
炸豆皮海苔卷……… 150
麻辣豆芽虎皮卷…… 151
素镶臭豆腐………… 152

创意麻辣臭豆腐…… 153
椰汁烤土豆………… 154
百里香烤土豆……… 154
茄汁烤时蔬千层面… 155
奶油玉米焗西兰花… 156
麦片焗圆白菜卷…… 156
素烤焗白菜………… 157
意式香料烤鲍菇…… 158
味噌酱烤美人腿…… 158
烤沙嗲素明虾串…… 159
茶香烤素肠………… 159
烤奶酪苹果………… 160
蛋饼乳酪卷………… 161
香烤臭豆腐………… 162
烤香菇盒…………… 162
烤群菇……………… 163

烤鲜蔬……………… 164
烤丝瓜…………… 164
意式烤茄子………… 165
烤麸茄子串………… 166
味噌烤香茄………… 166
火烤五彩鲜蔬……… 167
白酱蘑菇…………… 167
香酥苹果旺来派…… 168
威尼斯沙拉………… 169
凉拌芦笋…………… 170
橙汁沙拉…………… 170
木耳沙拉…………… 171
凉拌百合枸杞……… 171
白菜芝麻卷………… 172
豆芽菠萝水果丝…… 173
凉拌白玉魔芋丝…… 173
凉拌蕨菜…………… 174
凉拌辣白菜………… 174

南洋蔬菜卷………… 175
素鲍鱼冷盘………… 176
冰镇红枣莲子……… 177
梅腌圣女果………… 177
彩椒镶豆腐………… 178
芝麻拌海带………… 179
凉拌黄花菜………… 180
凉拌白菜梗………… 180
凉拌小黄瓜………… 181
翠玉针菇…………… 181
百香青木瓜………… 182
凉拌牛蒡…………… 183
辣拌豆干丁………… 184
凉拌酸肚丝………… 185
芥末魔芋…………… 185
凉拌琼脂…………… 186
山苏沙拉…………… 187
五味素牡蛎………… 189

什锦菇沙拉………… 190
凉拌什锦蔬菜……… 190
松菇拌菠菜………… 191
凉拌珊瑚草………… 191
椿芽拌豆腐………… 192
凉拌素丝…………… 192
凉拌萝卜皮………… 193
糖醋萝卜丝………… 193
菩提莲香卷………… 194
干丝拌粉丝………… 195
酸辣土豆丝………… 195
金平莲藕…………… 196
腌嫩姜……………… 196
腌酱笋……………… 197
腌辣萝卜…………… 197
辣萝卜干…………… 198
红油笋丝…………… 199
梅子腌大头菜……… 199

200 蒸煮汤品 素食料理篇

202 必学蒸酱 做法和用途

翠玉福袋…………… 204
香菇镶豆腐………… 205
树子银萝什锦菇卷… 206
玉环银萝菌菇……… 207
豆豉蒸鲍菇………… 208
柚酱蒸山药………… 208
树子甘露蒸丝瓜…… 209
翠藻苦瓜盅………… 209
蔬食甜菜…………… 210
雪菜白果蒸玉玺…… 211
白玉蒸菜花………… 211
海带南瓜卷………… 212
白玉南瓜卷………… 213
竹荪南瓜盅………… 213
松茸蒸豆泥………… 214
莲子蒸香芋………… 214
竹荪三丝卷………… 215
冬瓜三宝扎………… 216
香椿蒸茭笋………… 217
罗汉玉甫…………… 217
栗子蒸素肠………… 218

面轮豉汁素排……… 218
咖喱豆腐…………… 219
腐乳豆衣卷………… 220
素肚煮福菜………… 221
山药煮丝瓜乌鱼子… 221
丝瓜寿喜烧………… 222
牛蒡当归煮核桃…… 223
栗子南瓜…………… 224
金茸双花菜………… 224
金菇干贝苋菜……… 225
花旗参煮银耳……… 226
什锦菇煮津白……… 227
芋香煮鲍菇………… 227
香油药膳煮鲍菇…… 228
鲍菇椰浆煮芋头…… 229
黄耳罗汉斋………… 230
魔芋丝瓜面………… 230
酒酿桂花红豆……… 231
冬瓜薏米素排骨…… 232
药膳煮丝瓜………… 233
三丝煮银耳………… 233

天香素鹅…………… 234
地瓜粉蒸素排骨…… 235
黄瓜镶肉…………… 235
素蚝油面筋………… 236
丝瓜蒸金针菇……… 236
老少平安…………… 237
芋泥蒸大黄瓜……… 238
宝黄菜胆…………… 238
佛手白菜…………… 239
素金华冬瓜球……… 240
荸荠镶油豆腐……… 241
好彩头……………… 242
发菜羹汤…………… 243
素肉羹……………… 243
香华什锦汤………… 245
香油山药豆包汤…… 246
药膳食补汤………… 247
素当归鸭汤………… 248
药炖甲鱼汤………… 248
素食什锦蔬菜锅…… 249
鸳鸯素锅…………… 249

252 创意卤包更有意思

参须炖素鸡…………… 254
山药素羊肉…………… 255
圣女果银耳炖蔬菜… 256
茄汁红白萝卜球…… 256
土豆炖胡萝卜……… 257
萝卜炖草菇………… 257
牛蒡炖山药………… 258
咖喱百叶…………… 258
竹笋香菇魔芋……… 259
乳汁焖笋…………… 259
黑豆卤豆轮………… 260
南瓜煮……………… 260
药膳炖鳗鱼………… 261
椰香芋头煲………… 262
素卤味……………… 263
素香菇卤肉汁……… 264
素香油豆腐………… 264
香菇茭白…………… 265
笋香魔芋…………… 265

253 素食材怎么卤最好吃

味噌南瓜卤面筋…… 265
蔬菜卤汁…………… 266
卤红白萝卜………… 267
卤杏鲍菇…………… 267
卤海带……………… 268
卤素鸡、素鱼……… 268
卤面肠……………… 268
卤绿白西兰花……… 269
卤芦笋……………… 270
卤土豆……………… 270
麻辣卤汁…………… 271
麻辣百叶豆腐……… 272
麻辣油豆腐………… 272
麻辣豆包…………… 272
麻辣臭豆腐………… 273
麻辣花干…………… 274
麻辣芋头糕………… 274
水果卤汁…………… 275
卤鲜香菇…………… 275

卤芥蓝……………… 276
毛豆荚……………… 276
卤素米血…………… 276
素香卤汁…………… 277
香卤素肚…………… 278
五香豆干…………… 278
菊花卤汁…………… 279
卤素萝卜糕………… 280
卤西红柿…………… 280
茶香卤汁…………… 281
卤豆皮……………… 281
卤茭白……………… 282
魔芋鱿鱼…………… 282
卤四方豆干………… 282
紫米蔬食卤汁……… 283
卤素腰花…………… 283
卤秋葵……………… 284
卤莲藕……………… 284

285 附录一 米面素食料理

清蒸素饺…………… 285
素碗粿……………… 285
香菇笋丁素蒸饺…… 286
三色素香饺………… 286
锅贴……………… 287
红烧面……………… 287
红曲面……………… 288
酸辣汤面…………… 288
养生蟹黄丝瓜面…… 289
蚝油素捞面………… 289
人参枸杞健康粥…… 290
清心粥……………… 290
味噌烤饭团………… 291
滴水寿司…………… 291

素肉燥饭…………… 292
和风芋香炒饭……… 292
鲜蔬杂粮炒饭……… 292
鲍菇炒饭…………… 293
腐皮笋香饭………… 293
缤纷素饭…………… 293
鲜果炒饭…………… 294
时蔬炒饭…………… 294
拌饭素肉饭………… 294
瓜仔蔬菜饭………… 295
坚果黑豆饭………… 295
栗香饭……………… 295

素食 常用食材

←香菇

香菇为褐色的真菌，扁平、伞状，干燥后有斑驳的裂纹，切片后煎、炒、煮汤皆适宜。含多种人体必须氨基酸，营养价值极高，可降低胆固醇和血压，且从中可提炼出抗癌物质。

←猴头菇

猴头菇因形状酷似猴子的头部而得名，含丰富的蛋清质，能帮助消化，可作为健康食品。

↘面肠

面肠是由生面筋揉卷成肠子形状后煮熟而成，富有嚼劲。可在素料店买到，由于外形较光滑，料理前常翻出内面，因此模样较像动物的肠子。

→素肉

素肉是以大豆纤维、小麦蛋清、油、淀粉等素材制成，外衣则由豆皮制成，适合煎、炒、煮、炸，为纯素食材。

←干胡瓜条

干胡瓜条以瓠瓜削去外皮，取其瓜肉削成长条，晒干制成。常用于捆绑食材，煮熟后可与食材一起食用，口感略脆。由于产量稀少，所以价格较高，可于南北货的商店购买到。

↓烤麸

烤麸也是以生面筋切块蒸熟而成，略带黄色，先撕成小块油炸后再料理，口感味道会更好。最好不要用刀切，因为烤麸较松软，刀切的压力会使其变扁，这样形状就不好看了。

→药炖素排骨肉

药炖素排骨肉包含了素排骨肉与中药材，这里的素排骨肉以生面筋切块油炸而成，中药材中有枸杞、人参等，为搭配好的材料包，也可只购买药包来炖煮其他食材。

←百叶豆腐

百叶豆腐以大豆粉及淀粉为主要材料精制而成，其碳水化合物含量低，且富含蛋白质。口感较一般市售的嫩豆腐要硬一些，具有超强的汤汁吸收能力，适合煎、煮、炒、炸、蒸、烤、卤等。

↗素甲鱼

素甲鱼以香菇、黄豆、面粉、蛋等材料制成，其中像鱼皮的材料则是海苔，可久煮不烂并吸收汤汁入味。

素食中的各式仿荤食制品，有一大部分是以面粉加上黄豆粉调制加工而成的。常用的烹调手法有蒸煮和油炸，通过这两种烹调方法来制造面制品的口感。此外，面制品擅长吸收酱汁的特色也成为一大优点，更能让成品达到色、香、味俱全的效果。

←凉薯

凉薯，状似大型的豆薯，口感类似荸荠，脆脆甜甜的，在非荸荠产季时，常用来替代荸荠。由于体积较大，若用来作配料常会剩余，可切丝制成凉拌菜，亦可加少许油快炒食用。

↙紫苏

紫苏，可分为绿叶与红叶两种，味道相近，常与梅子搭配食用。干燥后的叶片可缓解流行性感冒症状。

→粄条

粄条以米浆作成薄膜后再蒸煮，最后取出挂在通风处阴干而成，故亦有"面帕粄"之称，算是客家美食的一种。吃起来口感很有弹性，还略带粘性，可直接作为面条烹煮食用。

→素五花肉

素五花肉以大豆蛋清、油、酱油等材料制成，无蛋、无酒、无辛香料，是低饱和脂肪、无胆固醇的素食加工品，吃来的味道与火腿肉相似。

←香椿

香椿是素食料理中常用于提味的代用品，因特有的浓郁香味，故使用方式类似荤食中常用的葱、姜、蒜，一般切成末与素食材料混和料理；而由香椿枝叶经干燥磨成的粉末则可取代味素，经常食用对身体健康很有帮助。

→豆皮

豆皮以黄豆制成，外层经过油炸增加口感，内层则由豆腐皮堆叠出软嫩口感，需冷藏保存。

↑豆皮卷

以黄豆经加工后油炸制成，经过油炸去水分，购买后不需收进冰箱，置于阴凉处即可。炸得脆硬的豆皮卷在料理时需要吸收大量汤汁才能被软化。

←腐皮

腐皮是黄豆衍生制品，多半以干燥的形式出售，用来卷入各式食材，例如常见的鸡卷等。使用时要用干干的腐皮包入内馅，若浸湿会很容易破裂。

→素排骨

素排骨是以香菇蒂加工而成的。由于香菇蒂头常常被舍弃，但它其实具有和肉食品非常相似的口感，因此在商人的巧思下，常被用于制作仿肉制品。

素食 常用配料

　　素食快炒料理要好吃，少不了的烹调步骤就是"爆香"，如果是健康素取向，最常用的爆香料非大蒜莫属，但若是以宗教取向的纯素理念，大蒜则被列为荤食。除此外，小蒜、葱、韭菜及洋葱也与大蒜一起被列为"五荤菜"。那么，除这些食材外，还有哪些配料适合爆香呢？一起来看看吧！

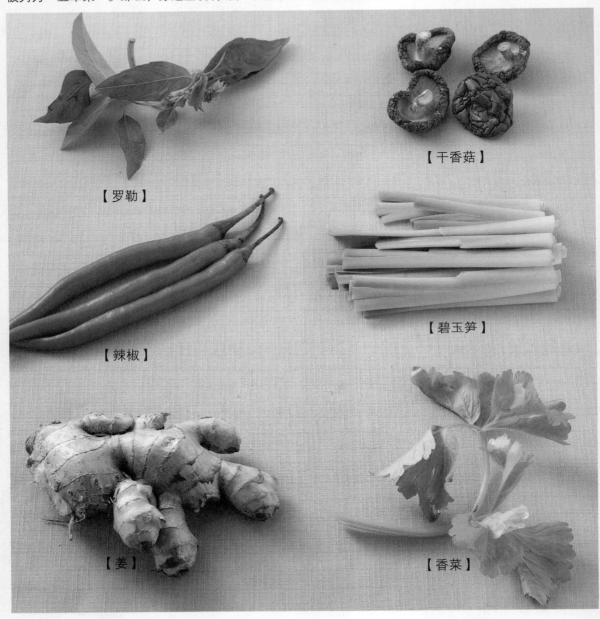

【罗勒】

【干香菇】

【辣椒】

【碧玉笋】

【姜】

【香菜】

【　罗勒　】罗勒香味浓烈，料理时分量不需要太多。

【　干香菇　】爆香时选用干香菇味道较浓郁，泡发时须以冷水浸泡至完全泡发，记住不能用热水，否则会破坏香菇的香味。

【　辣椒　】辣椒有许多种类，除了新鲜辣椒外，还有干辣椒、辣椒粉、辣椒油、辣椒酱等可选用，且红辣椒除能调味外，还具有装点菜色的效果。

【　碧玉笋　】碧玉笋是金针的幼茎，色如碧玉、口感嫩似笋。

【　姜　】姜具有去腥和杀菌作用，是具有强烈香气的香辛料，爆香时宜选用老姜。

【　香菜　】香菜有股木质清香，带有温和微辛的胡椒味。除了香菜外，芹菜也是不错的爆香料。

素食 常用调味料

吃素的人除了食材是素食外，料理过程中选用的油品和调味料当然也要是素的。一般的蚝油、沙茶、高汤块等都是以荤食调理出来的，若加入素食料理中就不太适宜了。幸好现在吃素的人越来越多，市场上的素调味料也越来越多。料理时通过酱料快速调味，不但省时，还能让菜肴更出色。

【甜面酱】

【豆腐乳】

【酱油】

【素高汤块】

【素沙茶酱】

【橄榄油】

【红曲酱】

【素蚝油】

【　酱油　】黄豆和小麦制成的酱油是居家必备调味料。
【甜面酱】常用来拌面的甜面酱只要稍加变化，入菜也很对味。
【豆腐乳】豆腐乳不论是直接当作配菜还是加入食材拌炒，都很好吃。
【素高汤块】以蔬菜水果熬煮浓缩而成。
【素沙茶酱】素沙茶酱多以黑芝麻、小麦胚芽、香菇、素肉和辛香料等调制，味道与原味沙茶酱相差无几。
【橄榄油】做素食料理时，除了橄榄油外，只要是蔬菜油都可以入菜。
【红麹酱】红曲是近年热门的酱料之一，除了当作蘸酱外，拌炒入菜也很适合。
【素蚝油】素蚝油是从酱油和香菇中提炼出来的，提鲜效果佳、运用范围广。

素食高汤 DIY

炒菜用素高汤

材料

绿豆芽	600克
鲜香菇	300克
圆白菜(带芯)	1/2个
芹菜	3根
胡萝卜皮	75克
白萝卜皮	75克
姜	1块
水	5升

做法

将所有材料一起放入深锅中，以小火熬煮约1小时后，将所有材料过滤，只留下高汤即可。

熬汤用素高汤

材料

大白菜	1个
花菜头	2个
香菇头	40克
玉米	6根
胡萝卜皮	150克
白萝卜皮	150克
姜片	30克
水	5升

做法

热油锅，将姜片爆香，加水煮开后，放入其余材料以小火续煮1小时，再将所有材料过滤，只留下高汤即可。

高汤保存法

为了保持清澈，高汤必须经过过滤再使用或保存，加盖放入冰箱冷藏可保存2天，分装成一次食用的分量可冷冻保存7~10天。材料中的海带与香菇因为没有经过久煮，所以熬完高汤后，还可以拿来做成其他口味较重的菜肴。

蔬菜素高汤

材料

皮丝	300克
干香菇	30克
胡萝卜	120克
玉米	240克
圆白菜	200克
甘草片	2片
胡椒粒	1大匙

调味料

水	2000毫升
盐	1小匙

做法

1. 皮丝、香菇分别浸泡在清水中至膨胀，取出挤干水分备用。
2. 胡萝卜去皮，切滚刀块；圆白菜洗净，切大片；玉米切段，备用。
3. 将所有材料及水放入锅中煮至沸腾。
4. 转中小火继续炖煮约30分钟。
5. 加盐调味，过滤材料、捞除浮末取汤汁即可。

海带香菇素高汤

材料

干香菇	30克
海带	20克
腌渍梅子	1颗
水	2000毫升

做法

1. 干香菇洗净，海带以干净的湿布擦拭干净，一起放入大碗中，加水、腌渍梅子浸泡半天。
2. 将做法1的材料倒入汤锅中，以中小火煮约10分钟至略沸腾、出现小气泡时熄火，最后再滤出高汤即可。

高汤小技巧

* 虽然海带与香菇都有新鲜的食材，不过使用干货，在鲜味与香味上才是最佳的组合，如果采用新鲜的就必须搭配重一点的调味方式，这样口味才不会太清淡。
* 海带带有咸味，所以不需要再加盐调味。另外，为了保留海带的鲜味，最好不要直接用水冲洗海带，只需以干净的湿布将表面的灰尘擦掉即可。

素食大变身 真假难辨的素料

杏鲍菇变鸡块

1

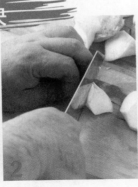

2

3

杏鲍菇变身 过程简述

1. 杏鲍菇洗净沥干。
2. 切成滚刀大块。
3. 腌至入味，沾裹面糊，放入油锅中炸。

胡萝卜变蟹黄

1

2

3

胡萝卜变身 过程简述

1. 胡萝卜洗净沥干。
2. 刨去外皮。
3. 用汤匙将胡萝卜肉刮成泥。

魔芋变鱿鱼

1

2

3

魔芋变身 过程简述

1. 魔芋用水略冲洗。
2. 先切十字花刀，再分切小片状。
3. 放入沸水中汆烫。

茭白变干贝

1

2

3

茭白变身 过程简述

1. 刨去茭白的浅绿色外皮。
2. 切成小段圆柱状。
3. 放入沸水中汆烫。

干香菇变肉燥

干香菇变身
过程简述

1. 干香菇泡入冷水中至泡发。
2. 剪下香菇蒂头。
3. 剁成碎末。

草菇变牡蛎

草菇变身
过程简述

1. 草菇洗净，对剖成两等份。
2. 放沸水中汆烫后，沾上地瓜粉。
3. 再放入沸水中略汆烫。

口蘑变腰花

口蘑变身
过程简述

1. 口蘑洗净沥干。
2. 切十字花刀。
3. 放入沸水中汆烫。

料理蔬食的四大技巧

技巧1：少盐、糖适量、油适量
其实无论荤素，都应尽量低糖、低脂、少油、少盐、高纤，多选择清蒸、汆烫、凉拌的方式，来保留食物中完整的维生素。

技巧2：慎选素食加工品
选用素食加工品时，注意标示成分与化学剂的用量，多选用天然成分较多的加工品。

技巧3：注意蔬菜上农药残留
没有农药化肥污染的有机蔬菜，要尽量以生鲜的方式料理，才能保留较多的维生素；市售的蔬菜水果，可选择有政府认证的品牌或标志，以保证农药残余在安全范围内。若无法查清残留农药是否合乎标准，则最好在将蔬菜室温下摆几天，让农药逐渐分解之后再吃。

技巧4：多利用食材间的互补性
例如五谷类配合豆类一起吃，使氨基酸产生互补作用，能提高蛋白质的品质。另外，玉米加入白米煮饭、吐司上抹花生酱，都是很好的例子。

40道人气素食料理 篇

许多人以为素食就是传统素食餐厅那些素鸡、素排，
其实长年茹素的人反而是利用天然食材将一些家常菜，
以素食的料理方式呈现，吃起来更健康美味。
而本篇就严选40道人气家常素食菜，
让你平时也能轻松吃素，品尝素食天然的美味。

Vegetarian food

01 麻婆豆腐

材料

豆腐·····················350克
素肉泥·····················20克
碧玉笋·····················10克
红椒·······················10克
姜·························5克
花椒粒·····················10克
葵花籽油···················2大匙
水······················150毫升
水淀粉·····················适量

调味料

豆瓣酱·····················2大匙
辣椒酱·····················1大匙
细砂糖·····················1小匙
高鲜味精···················少许

做法

1. 豆腐切小块，放入热水中浸泡备用。
2. 素肉泥放入热水中浸泡至软，沥干水分备用。
3. 碧玉笋、红椒洗净切圈；姜洗净切末，备用。
4. 热锅倒入葵花籽油，以小火慢慢炒香花椒粒后，捞除锅中花椒粒。
5. 下入姜末爆香，放入素肉泥炒约1分钟，再放入红椒圈、碧玉笋段以及所有调味料拌炒均匀。
6. 加入豆腐块和水煮至入味，起锅前倒入水淀粉勾芡即可。

素食美味小贴士

在做法4中，谨记花椒粒不宜以大火爆炒，因为爆焦的花椒粒会产生苦味，从而影响整道菜的风味；如果喜欢较重的花椒味，可以将花椒粒保留在锅中与其他食材继续拌炒。

02 三杯杏鲍菇

材料

杏鲍菇⋯⋯⋯⋯⋯⋯500克
罗勒⋯⋯⋯⋯⋯⋯⋯25克
姜⋯⋯⋯⋯⋯⋯⋯⋯30克
红椒⋯⋯⋯⋯⋯⋯⋯15克
香油⋯⋯⋯⋯⋯⋯⋯2大匙

调味料

酱油⋯⋯⋯⋯⋯⋯⋯2大匙
素蚝油⋯⋯⋯⋯⋯⋯1大匙
米酒⋯⋯⋯⋯⋯⋯⋯3大匙
糖⋯⋯⋯⋯⋯⋯⋯⋯1小匙

做法

1. 杏鲍菇洗净，切滚刀块；罗勒取叶，洗净沥干；姜、红椒皆切片备用。
2. 热一锅油，放入杏鲍菇块略炸，再捞起沥干备用。
3. 热锅，倒入香油，放入姜片炒至卷曲且香味散出，再放入红椒片、杏鲍菇块拌炒均匀。
4. 继续加入所有调味料炒匀，最后放入罗勒炒至所有材料入味且香味散出即可。

素食美味小贴士

挑选杏鲍菇的时候要注意伞面较完整、菇体较饱满、表面不潮湿的较为新鲜；在炒之前先将其油炸的用意在于可以使其快速软化入味，节省炒的时间。

03 糖醋素排

材料

A 山药·················100克
青椒·················60克
红甜椒···············60克
苹果·················30克
菠萝·················80克
油条·················1条
水淀粉···············适量
B 低筋面粉·············50克
玉米粉···············40克
蛋液·················130克
水·················60毫升

调味料

番茄酱···············2大匙
细砂糖···············2大匙
白醋·················2大匙
盐·················少许
水·················250毫升

做法

1. 山药去皮，切成长条状；苹果去皮去籽切片；青椒、红甜椒、菠萝切片；材料B调匀成面糊，备用。

2. 油条纵分成两条，用剪刀先剪成数段（长度配合山药条），再从中间修剪出一个完整的小洞，塞入山药条，再沾上面糊，备用。

3. 热油锅至油温约160℃，放入油条炸至金黄酥脆，捞出沥油；将青椒片、红甜椒片放入油锅中过油后捞出沥油，备用。

4. 倒出油锅中的炸油，加入所有调味料煮沸并调匀，倒入水淀粉勾芡，再放入所有食材、苹果片及菠萝片，拌炒均匀即可。

04 茶香素子排 蛋奶素

材料

素甜不辣·······················3片
淀粉···························1小匙
白胡椒盐·······················1小匙

馅料

芋头·························200克
素火腿·························10克
鲜香菇·························2朵
香菜末·························少许

调味料

盐·························1/2小匙
色拉油·························1小匙
五香粉·························1/4小匙
白胡椒粉·······················1小匙
香油···························1小匙
素高汤粉·······················1小匙
细砂糖·························1大匙
蛋清···························1颗
水·························30毫升
乌龙茶叶末······················少许

做法

1. 芋头去皮洗净，切薄片；香菇去蒂头，洗净切丝；素火腿切碎，备用。

2. 将芋头薄片放入蒸笼中以中大火蒸煮约20分钟至熟透，取出压成芋头泥。

3. 热锅，放入少许色拉油烧热，以中火爆香香菇丝和素火腿碎，加入芋头泥、香菜末和所有调味料搅拌均匀制成馅料，备用。

4. 将素甜不辣覆上做好的馅料，以淀粉粘合后放入油温约170℃的油锅中，以中火炸至表面酥脆，食用前时加点白胡椒盐即可。

05 红烧狮子头

材料
大白菜叶······150克
干香菇······4朵

狮子头材料
豆腐······200克
胡萝卜末······30克
荸荠末······40克
香菇末······20克
芹菜末······20克
姜末······20克

调味料
素蚝油······1大匙
酱油······1大匙
砂糖······1小匙
水······700毫升
香油······1大匙

腌料
面粉······2大匙
酱油······1大匙
砂糖······1小匙
胡椒粉······1小匙
五香粉······1/2小匙

做法
1. 豆腐压碎；干香菇泡发洗净；大白菜叶洗净；腌料混合拌匀备用。
2. 将狮子头的其余材料和做法1的材料混合拌匀，先挤干水分，捏打成圆球状后，沾中筋面粉（材料外）备用。
3. 起油锅，放入捏好的狮子头炸至外观呈金黄色，捞起沥油备用。
4. 另取锅，放入大白菜叶和香菇炒香后，加入调味料拌炒均匀，放入狮子头焖煮至汤汁略收即可。

素食美味小贴士
制作狮子头的材料混合拌匀后，要记得先挤干水分，避免因为材料含水量过多，难捏成型；捏成球状后，可在两手间互抛摔打以提升口感。

1

2

3

4

5

6

7

8

06 生炒香油腰花

材料

口蘑·····················150克
老姜片·················50克

调味料

黑香油·················3大匙
酱油·····················1大匙
水·························50毫升

做法

1. 口蘑去除蒂头，切十字刀状，放入沸水中汆烫后捞起备用。
2. 取锅，加入黑香油和老姜片炒干，放入口蘑和其余调味料略拌炒后，焖煮至入味即可。

素食美味小贴士

* 老姜片在锅中要爆炒至干，这样吃起口感较好，也不会呛辣。
* 腰花因为炒老后口感不佳，所以入锅后略拌炒即可。但口蘑要煮久一点，味道才会渗入。

用口蘑制作腰花

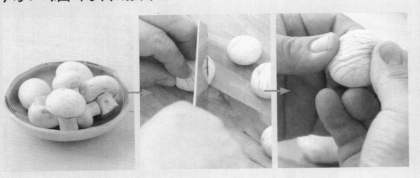

07 白菜卤

 材料

大白菜…………600克
面筋……………50克
生姜片…………30克
胡萝卜片………40克

 调味料

盐………………1大匙
砂糖……………1小匙
色拉油…………100毫升
水………………600毫升

做法

1. 大白菜洗净，切大片备用。
2. 取锅，加入少许油，放入生姜片炒香后，放入白菜叶、面筋、胡萝卜片和调味料焖煮至软烂入味即可。

素食美味小贴士

* 荤食白菜卤中的猪皮，可改以面筋代替，因为卤煮时面筋可达到像猪皮一样的效果，可释出油质，让锅中的蔬菜口感更佳。
* 在桂竹笋盛产的季节里，也可以将白菜改换成桂竹笋，吃起来一样美味。

08 红烧烤麸

 材料

烤麸6个、竹笋1支、胡萝卜150克、干香菇3朵、姜片3片

调味料

酱油膏1大匙、素高汤2杯、细砂糖1大匙、胡椒粉1小匙、香油1小匙、香菇素蚝油1小匙

做法

1. 将烤麸放入容器中以流动的冷水浸泡约30分钟，泡开后取出，挤干水分备用。
2. 竹笋洗净切块、胡萝卜去皮洗净切块、香菇泡软切块，备用。
3. 热油锅至油温约170℃，放入烤麸以中火油炸至烤麸表面金黄酥脆，捞出沥干油脂备用。
4. 将油锅再次加热至油温约170℃，放入竹笋块和胡萝卜块，以中火油炸约3分钟，捞出沥干油脂备用。
5. 另热一锅，加入少许油烧热，先入香菇块和姜片，以中火爆香后，再加入所有调味料、烤麸、竹笋块和胡萝卜块，拌炒均匀，转至中小火煮至收汁即可。

注：做法1中将烤麸放入流动的水中浸泡，是为了去除烤麸的油味，也能避免摄取过多油脂。

09 烤素方

材料

A 腐皮·······················5张
B 素火腿末···········80克
　芹菜末···············20克
　竹笋末···············30克

腌料

胡椒粉···············1小匙
砂糖·················1/2小匙

面糊材料

中筋面粉···········200克
水·····················50毫升

做法

1. 材料B加入拌匀的腌料混合；面糊材料混合拌匀备用。
2. 腐皮平铺，抹上适量混合好的面糊，撒上适量做法1的材料，叠上另一张腐皮，重复上述做法至腐皮用完为止。将迭好的腐皮压紧后再修成四边形，在上下两面均匀抹上面糊备用。
3. 在120℃的油锅中，放入做法2的半成品，炸约4分钟至两面外观金黄酥脆，开大火逼油，捞起趁热切片即可。

素食美味小贴士

* 油锅热好，才可以在迭好完成的腐皮上下两面抹上面糊，不然面糊的水气会被吸收进腐皮中，导致拿起腐皮入油锅炸时，容易破损。
* 腐皮放入锅中油炸时，要用筷子不停地戳腐皮，这样腐皮受热才会均匀，吃起来口感才会酥脆。

用豆腐皮制作素方

10 干煸四季豆

材料

四季豆	600克
姜末	20克
冬菜末	10克
胡萝卜末	20克
香菇末	20克
素火腿末	10克

调味料

辣椒酱	1大匙
砂糖	1小匙
胡椒粉	1小匙
香油	1大匙

做法

1. 四季豆洗净去头尾，放入150℃的油锅中，炸至干煸，捞起沥油备用。
2. 取锅，加入少许油，放入其余的材料炒香后，加入调味料拌匀，再放入四季豆略拌炒即可。

素食美味小贴士

夏天里吃苦瓜，可达到消暑退火的效果。所以也可将这道菜中的四季豆替换成苦瓜。方法为将苦瓜洗净沥干，切薄片，放入锅中炸至干煸，再放入锅中翻炒即可。

11 素瓜仔肉

材料

花瓜（小）1罐、素肉泥150克、姜末10克、橄榄油2大匙、水450毫升

调味料

酱油1大匙、盐少许、米酒1/2大匙、白胡椒粉少许

做法

1. 素肉泥洗净泡软，再放入沸水中略为汆烫，捞出沥干水分；花瓜切碎，花瓜酱汁保留，备用。
2. 热锅，加入2大匙橄榄油爆香姜末，再放入素肉泥炒至香味散出。
3. 继续加入调味料和水拌匀，接着放入切碎的花瓜，将做法1中保留的酱汁倒入煮沸，以中火续煮约15分钟，再焖5分钟即可。

素食美味小贴士

若是买不到素肉泥，也可以改用面轮、面肠、豆皮等豆类制品切碎替代，不一定要完全使用素肉泥；素肉泥在一般素食材料行等处可以购得。

12 生菜虾松

材料
中华豆腐·····················1盒
香菇末·····················20克
胡萝卜末···················20克
竹笋末·····················40克
芹菜末·····················30克
荸荠末·····················30克
姜末·······················20克
油条·······················80克
生菜······················300克

调味料
盐·························1大匙
砂糖·······················1小匙
白胡椒粉···················1小匙
水淀粉·····················2大匙
香油·······················1大匙

做法
1. 豆腐切小丁状，放入沸水中略汆烫以去除生豆味，捞起沥干。
2. 油条放入140℃的油锅中略炸后，捞起沥油，压碎备用。
3. 取锅烧热，加入少许油，放入其余材料（生菜先不加入）和所有调味料拌炒均匀后，加入豆腐丁略拌炒盛盘。
4. 生菜洗净，剪成小碗状，先铺上适量的油条碎，再包上适量做法3的材料即可。

用豆腐制作虾松

素食美味小贴士
为了去除豆腐的生豆味，可先将切好的豆腐丁放入沸水中略汆烫；而其余的材料为了保留酥脆的口感，所以直接入锅拌炒即可，不用先放入水中烫熟。

13 炸香酥响铃

材料

腐皮·······················3张
竹笋·······················1条
干香菇·····················2朵
鲜香菇·····················5朵
胡萝卜····················70克
面糊······················适量

调味料

盐························少许
砂糖······················1小匙
酱油膏····················1大匙
水淀粉····················少许
白胡椒粉··················少许

做法

1. 将腐皮切成长条状备用。
2. 干香菇泡水至软；鲜香菇去蒂后与胡萝卜、竹笋都洗净切碎，备用。
3. 热锅，倒入1大匙香油，加入做法2的所有材料炒香，再加入所有调味料一起翻炒均匀制成馅料。
4. 将炒好的馅料放冷，取适量放在腐皮条上，再包成三角型，以面糊封口备用。
5. 将做法4的成品放入油温170℃的油锅中炸至金黄色即可。

14 镶豆腐

材料

A 老豆腐2块、凉薯5片、胡萝卜2片、干香菇3朵、素火腿100克
B 芹菜1棵
C 淀粉1小匙、水3匙

调味料

A 五香粉1/2小匙、胡椒粉1/2小匙、淀粉2小匙、盐1/2小匙
B 酱油1小匙、盐1/2小匙

做法

1. 芹菜洗净切末；材料C调成水淀粉备用。
2. 凉薯削去外皮后，洗净切末；胡萝卜洗净切末；香菇以冷水泡软后，切末；素火腿用调理机打碎。再将以上所有材料放入调理盆中，加入调味料A一起搅拌均匀即为内馅。
3. 将老豆腐切成约7厘米长的方块，再用小汤匙将中间挖空后，填入适量的内馅，一一摆放于耐热的盘中，连盘放入蒸笼中以大火蒸5分钟后取出。
4. 另热一锅，加入2小匙油，放入做法1的材料及调味料B一起煮开后，以水淀粉勾芡即起锅，淋在做法3的豆腐上即可。

素食美味小贴士

在填入内馅时，在馅料表面撒上一点淀粉可增加馅料的附着性，材料中使用的凉薯若不好购买，也可以荸荠替代，两者的口感差不多。

15 蟹黄粉丝煲

材料
粉条2把、胡萝卜泥60克、香菇2朵、大白菜150克、沙拉笋40克、水250毫升、香菜适量

调味料
盐1/2小匙、糖少许、香菇粉少许、白胡椒粉少许

做法
1. 胡萝卜去皮洗净，磨成泥后加入少许盐和淀粉（材料外）拌匀备用。
2. 热锅，加入2大匙油，放入拌匀的胡萝卜泥炒成素蟹黄备用。
3. 粉条放入水中泡软后，剪成段；大白菜、沙拉笋、香菇皆切丝备用。
4. 热锅，加入1大匙油，先放入香菇丝炒香，再放入做法3的大白菜丝和沙拉笋丝拌炒均匀，加入水煮至沸腾后，放入粉条、所有调味料、一半素蟹黄煮匀，盛入砂锅中再加入剩余的素蟹黄和香菜即可。

16 酸菜炒面肠

材料
面肠	250克
酸菜	120克
姜丝	15克
红椒丝	10克
橄榄油	2大匙

调味料
酱油	少许
盐	1/4小匙
糖	1/4小匙
米酒	1/2大匙
乌醋	少许

做法
1. 面肠洗净切段，放入锅中过油，再捞起沥油；酸菜洗净切丝，泡水约1分钟后捞起沥干备用。
2. 热锅，加入橄榄油，放入姜丝、红椒丝先爆香，再放入酸菜丝炒香，接着放入面肠段拌炒均匀，最后加入所有调味料炒至所有材料入味即可。

17 糖醋鱼球

材料

芋头·····················100克
青椒丁·················20克
胡萝卜丁·············20克
香菇丁·················10克
黄甜椒丁·············10克
姜丁·····················10克
红椒丁·················10克

调味料

番茄酱·················3大匙
砂糖·····················4大匙
白醋·····················4大匙
水·························150毫升
水淀粉·················1大匙
香油·····················1小匙

面糊材料

中筋面粉·············40克
水·························30毫升

做法

1. 芋头去皮切片后，切细丝，加入混合拌匀的面糊中滚成球状，然后放入140℃的油锅中，炸至外观呈金黄色即成鱼球，捞起沥油备用。
2. 另取锅，加入少许油烧热，放入其余材料和所有调味料拌炒均匀后，加入鱼球略拌炒即可。

用芋头制作鱼球

18 粉蒸排骨

材料
芋头······················150克
姜末······················20克
蒸肉粉····················50克

调味料
辣椒酱····················1大匙
甜面酱····················1小匙
砂糖······················1大匙
香油······················2大匙
水························50毫升

面糊材料
中筋面粉··················40克
水························30毫升

做法

1. 芋头去皮切块，沾上混合拌匀的面糊，放入140℃锅中炸至外观呈金黄色，捞起沥油备用。

2. 将姜末、蒸肉粉和所有调味料混合拌匀，加入芋头块使其均匀裹上粉后，放入电锅中蒸约30分钟（外锅加1杯水）即可。

用芋头制作排骨

19 卤油豆腐

材料

大四方油豆腐·······4块
水·················100毫升

调味料

A 色拉油·········2大匙
　砂糖·····1又1/2大匙
　酱油···2又1/2大匙
B 五香粉······1/4小匙
　白胡椒粉·······少许

做法

1. 将油豆腐放入沸水中汆烫后，捞起备用。
2. 锅中放入调味料A，以小火煮开。
3. 再加入油豆腐略煮片刻，然后注入水，以中火煮开后，转小火卤至油豆腐入味（约30分钟）。
4. 最后加入调味料B煮匀即可。

20 菠萝蜜汁火腿 蛋奶素

材料

素火腿···········150克
厚片吐司·········3片
菠萝片···········6片

调味料

白砂糖··········100克
蜂蜜·············30克
水·············100毫升

做法

1. 素火腿切厚片，加入混合拌匀的调味料，放入电锅中蒸15分钟（外锅加入1/2杯水）备用。
2. 厚片吐司对切成二等份，再切蝴蝶刀后，取一片火腿片和菠萝片夹入，重复此做法至吐司用完即可。
   注：吐司中含有奶油及鸡蛋。

21 白果炒芦笋

材料

白果⋯⋯⋯⋯⋯60克
芦笋⋯⋯⋯⋯⋯300克
鸿禧菇⋯⋯⋯⋯50克
姜丝⋯⋯⋯⋯⋯10克
红椒丝⋯⋯⋯⋯10克

调味料

盐⋯⋯⋯⋯⋯1/4小匙
细砂糖⋯⋯⋯⋯少许
香菇粉⋯⋯⋯⋯少许
白胡椒粉⋯⋯⋯少许
热水⋯⋯⋯⋯⋯3大匙

做法

1. 白果放入沸水中，氽烫一下捞出备用。
2. 芦笋洗净切段；鸿禧菇洗净备用。
3. 锅烧热，倒入适量油，加入姜丝、红椒丝爆香。
4. 再放入芦笋段、鸿禧菇拌炒一下。
5. 再放入白果和所有调味料拌炒入味即可。

22 西红柿炒豆包

材料
西红柿200克、豆包200克、碧玉笋15克、姜5克、葵花籽油2大匙、水淀粉少许

调味料
番茄酱1大匙、盐1/4小匙、细砂糖1小匙、水200毫升

做法
1. 西红柿洗净，用水果刀在底部轻划十字，放入滚水中氽烫后捞出去皮，切块备用。
2. 豆包洗净撕小片；碧玉笋洗净切段；姜洗净切末，备用。
3. 热锅倒入葵花籽油，爆香姜末，放入西红柿块炒软。
4. 放入碧玉笋段、豆包片以及所有调味料，拌炒均匀至入味，倒入少许水淀粉勾芡即可。

23 红烧冬瓜

材料
冬瓜·················500克
姜·····················30克

调味料
酱油·················2大匙
砂糖·················1小匙
水·················400毫升

做法
1. 冬瓜去皮切块；姜切片备用。
2. 取锅，加入少许油，放入姜片炒香后，加入冬瓜块和调味料焖煮至冬瓜熟透即可。

素食美味小贴士
　　冬瓜有清凉消暑的效果，而且相当适合以红烧的方式制作料理，不仅容易入味，且非常下饭。

24 花菇香卤萝卜

材料
干花菇⋯⋯⋯⋯⋯6朵
白萝卜⋯⋯⋯⋯⋯600克
胡萝卜⋯⋯⋯⋯⋯200克
姜片⋯⋯⋯⋯⋯⋯10克
水⋯⋯⋯⋯⋯1200毫升

调味料
盐⋯⋯⋯⋯⋯⋯少许
糖⋯⋯⋯⋯⋯⋯少许
淡酱油⋯⋯⋯⋯100克
味酥⋯⋯⋯⋯⋯50克

做法
1. 花菇洗净泡软；白萝卜、胡萝卜洗净去皮、切块，备用。
2. 锅中加入水煮沸，放入白萝卜块、胡萝卜块、花菇、姜片和所有调味料，待水再沸腾后，转小火卤约25分钟即可。

25 花生面筋

材料
熟花生⋯⋯⋯⋯150克
面筋⋯⋯⋯⋯⋯100克
干香菇⋯⋯⋯⋯2朵
葵花籽油⋯⋯⋯2大匙
水⋯⋯⋯⋯⋯500毫升

调味料
酱油⋯⋯⋯⋯80毫升
细砂糖⋯⋯⋯1/2小匙
高鲜味精⋯⋯少许

做法
1. 干香菇洗净泡软，切丝备用。
2. 将面筋以热水浸泡至微软，沥干备用。
3. 热锅倒入葵花籽油，爆香香菇丝，放入熟花生和面筋略拌。
4. 放入所有调味料和水，煮沸后转小火，继续煮至入味即可。

26 什锦素卤味

材料
杏鲍菇·············300克
鲜香菇·············200克
茭白···············80克
豆干···············60克
八角················4粒
姜片···············50克

调味料
盐·················3大匙
酱油···········200毫升
冰糖···············80克
水············1500毫升
卤包················1个

做法
1. 取锅，加入调味料、八角和姜片以小火焖煮约30分钟备用。
2. 将其余的材料洗净沥干，放入做法1准备的锅中卤约5分钟后关火，再泡10分钟即可。

27 彩椒炒百合

材料
新鲜百合········100克
青椒·············150克
黄甜椒···········150克
红甜椒···········150克
姜················10克
葵花籽油·········2大匙
热水···········100毫升

调味料
盐··············1/4小匙
细砂糖·············少许
高鲜味精···········少许

做法
1. 青椒、黄甜椒、红甜椒去籽洗净，切片；姜洗净切片，备用。
2. 新鲜百合洗净沥干水分，备用。
3. 热锅倒入葵花籽油，爆香姜片至其微焦后取出。
4. 放入青椒片、黄甜椒片、红甜椒片略炒后，放入百合、热水以及所有调味料，快炒均匀至入味即可。

28 腐皮卷

材料
腐皮·····················3张
小黄瓜丝················50克
发菜·····················10克
胡萝卜丝················50克
竹笋丝··················50克
豆芽菜··················50克

面糊材料
中筋面粉················80克
淀粉·····················20克
水·······················60毫升

腌料
盐·······················1/2小匙
酱油····················1大匙
香油····················1大匙
胡椒粉··················1小匙
五香粉··················1小匙

做法
1. 材料（腐皮不放入）和腌料混合拌匀制成内馅；面糊混合拌匀。
2. 腐皮切成三等份的三角形，平铺后放入适量的做法1内馅包成春卷状，沾面糊，放入140℃的油锅中炸至外观金黄酥脆，捞起沥油即可。

素食美味小贴士

　　腐皮遇到冷空气容易软化，所以在面糊材料中刻意加入淀粉，可让沾裹了面衣的腐皮吃起来口感更酥脆。

29 圆白菜卷

材料

圆白菜	150克
金针菇	40克
胡萝卜丝	20克
豆干丝	30克
青椒丝	30克

调味料

盐	1小匙
胡椒粉	1/2小匙
香油	1大匙

做法

1. 圆白菜剥下叶片，放入沸水中汆烫至软且熟备用。
2. 将其余材料和调味料混合拌匀备用。
3. 取一片圆白菜叶，放入做法2的材料，包成圆柱状，摆入盘中，重复上述做法至圆白菜叶用完为止。
4. 将做好的圆白菜卷放入电锅中蒸10～15分钟（外锅加入1/2杯水）即可。
5. 可蘸酱油膏一起食用。

30 佛跳墙

材料

干香菇	10朵
栗子	10粒
芋头	150克
素排骨酥	100克
素肚	1/2个
红枣	10粒
白果	12粒
脆笋	150克
姜片	15克
水	1300毫升

调味料

香菇鲜美露	少许
盐	1/2小匙
细砂糖	1/2小匙
白胡椒粉	少许
素乌醋	少许

做法

1. 香菇洗净泡软沥干；栗子泡软去多余皮；芋头去皮洗净切块；素肚洗净切块；红枣洗净；白果、脆笋泡水2小时，放入沸水汆烫捞起备用。
2. 将香菇、栗子、芋头、素肚放入热油锅中，依序略炸捞起备用。
3. 锅烧热，加入1大匙油，放入姜片爆香，再加入所有调味料和水煮沸。
4. 将做法1、做法2、做法3中的所有材料和素排骨酥放入容器中，再盖上三层保鲜膜，最后再放入蒸笼中蒸90分钟即可。

注：乌醋一般含洋葱成分，若不吃五辛素者，可选用不含洋葱的"素乌醋"。

40道人气素食

31 清蒸素鱼排

材料
素鳕鱼片·········300克
碧玉笋············10克
红椒···············10克
姜·················15克
水·············60毫升

调味料
酱油············1小匙
素乌醋···········少许
细砂糖········1/4小匙

做法
1. 碧玉笋、红椒、姜洗净切丝，备用。
2. 素鳕鱼片放入蒸笼，以大火蒸约10分钟。
3. 热锅倒入少许油，爆香碧玉笋丝、红椒丝、姜丝。
4. 加入所有调味料和水拌匀，淋在蒸好的素鳕鱼上即可。

32 香菇盒子

材料
干香菇············120克
素火腿肉末·······50克
姜末···············10克
素高汤·········200毫升
生菜················60克

腌料
中筋面粉··········30克
酱油············1小匙
素沙茶酱········1小匙
砂糖············1小匙
五香粉···········少许

做法
1. 干香菇泡软，加入素高汤中煮约15分钟，取出沥干备用。
2. 生菜切丝，放入沸水中略汆烫后，捞起铺在盘底。
3. 将其余配料和混合拌匀的腌料拌匀，填入做法1的香菇中，放入电锅内蒸至开关跳起（外锅加1/5杯水），然后取出放在生菜丝上即可。

素食美味小贴士
用干香菇来制作这道料理，吃起来不但香气较浓郁，而且口感紧实又有咬劲。

33 鲜菇烩豆苗

材料
豆苗⋯⋯⋯⋯⋯600克
金针菇罐头⋯⋯⋯1/2罐
鲜香菇⋯⋯⋯⋯⋯3朵
姜末⋯⋯⋯⋯⋯1小匙

调味料
A 素高汤⋯⋯⋯⋯1杯
　 素蚝油⋯⋯⋯⋯1大匙
B 玉米粉⋯⋯⋯⋯1/2匙
　 水⋯⋯⋯⋯⋯1大匙

做法
1. 香菇洗净切丝,与金针菇分别以沸水氽烫后捞起;将调味料B调成玉米粉水备用。
2. 豆苗洗净,放入加了少许盐（材料外）的沸水中,氽烫后捞起摆盘备用。
3. 热油锅,爆香姜末,放入香菇丝、金针菇及调味料A煮开,以玉米粉水勾芡后盛出,淋在豆苗上即可。

34 菜根香炒饭

材料
米饭⋯⋯⋯⋯⋯2碗
素虾仁⋯⋯⋯⋯10只
鲜香菇⋯⋯⋯⋯2朵
胡萝卜丁⋯⋯⋯10克
玉米粒⋯⋯⋯⋯110克
枸杞⋯⋯⋯⋯⋯1大匙
青豆⋯⋯⋯⋯⋯5克
萝卜干碎⋯⋯⋯30克
枸杞⋯⋯⋯⋯⋯1大匙

调味料
盐⋯⋯⋯⋯⋯1小匙
素高汤粉⋯⋯⋯1小匙
胡椒粉⋯⋯⋯⋯1小匙

做法
1. 素虾仁、鲜香菇切丁;萝卜干碎洗净挤干水分,备用。
2. 热锅,加入少许油烧热,以中火爆香素虾仁丁、香菇丁、萝卜干碎,加入其余材料以及所有调味料拌炒均匀,再以大火翻炒数下即可。

35 香菇素面线

材料
红面线·················200克
干香菇·················50克
沙拉笋·················30克
胡萝卜·················30克
素肉丝·················20克
色拉油·················2大匙
姜末···················10克
素高汤··············1500毫升
水淀粉·················适量
香菜···················适量

调味料
A 酱油·················2大匙
B 盐·················1小匙
  香菇粉···············1小匙
  冰糖················1小匙
  素沙茶酱············1大匙
C 香油················少许
  素乌醋··············少许

做法
1. 将红面线放入沸水中汆烫约5分钟，捞出泡入冷水中浸泡至红面线冷却，捞出沥干水分，备用。
2. 香菇洗净，以冷水泡到软，捞出切丝；沙拉笋切丝；胡萝卜切丝；素肉丝泡冷水至软化，捞出备用。
3. 热油锅，放入2大匙色拉油烧热，以小火爆香姜末至其表面呈金黄色时捞除，放入香菇丝炒香，再放入素肉丝、胡萝卜丝、笋丝及酱油拌炒均匀，倒入素高汤煮至沸腾。
4. 将红面线放入锅中，以小火继续煮约5分钟，放入调味料B，继续煮至汤汁再次沸腾，以水淀粉勾芡后即熄火。
5. 食用时依照个人口味加入适量的香油、素乌醋及香菜即可。

素食美味小贴士
想要一锅清爽甘甜的素高汤，除了购买市售的现成高汤块外，你也可以自己在家里利用黄豆芽、海带、圆白菜、白菜、香菇、胡萝卜或白萝卜、玉米或竹笋等耐久煮的蔬菜，自行搭配熬煮出属于你的私房素高汤。

36 素食养生锅

材料

素高汤·············2000毫升
玉米·················2支
黄豆芽·············200克
圆白菜·············1/2颗
杏鲍菇·············6朵
白菇·················300克
鲜香菇·············8朵
红甜椒·············2个
粉条·················1把

调味料

盐·····················少许

做法

1. 玉米洗净切段、黄豆芽洗净备用。
2. 将除粉条外的其余材料全部洗净。
3. 圆白菜剥成适当大小的块状；杏鲍菇、鲜香菇切片；红甜椒切细条；粉条泡水至软备用。
4. 取锅，将素高汤、玉米段及黄豆芽全部放入锅中以大火煮开后，转中小火煮约10分钟，加少许盐调味。
5. 在锅中依个人喜好放入其余材料煮熟即可（也可依个人喜好放入其他不同材料）。

37 蟹黄白菜

材料

大白菜	600克
胡萝卜泥	50克
黑木耳	20克
魔芋	50克
玉米粉	适量
姜片	10克
水淀粉	少许
水	200毫升

调味料

盐	1/4小匙
香菇粉	1/4小匙
细砂糖	少许
白胡椒粉	少许

做法

1. 胡萝卜泥加入少许盐(分量外)及玉米粉拌匀;黑木耳洗净切小块备用。
2. 锅烧热,放入2大匙油,再放入拌匀的胡萝卜泥炒熟成素蟹黄后取出。
3. 将大白菜洗净切片,依序和魔芋放入沸水中汆烫一下,捞出备用。
4. 锅烧热,放入少许油,加入姜片爆香,放入大白菜块、黑木耳块和魔芋拌炒,加水煮5分钟。
5. 加入所有调味料拌匀,以少许水淀粉勾芡,最后放入素蟹黄煮匀即可。

38 炒鳝糊

材料

干香菇	100克
姜丝	30克
红椒丝	10克
芹菜段	40克
香菜	20克

调味料

酱油	2大匙
白醋	1大匙
砂糖	1大匙
水	150毫升
白胡椒粉	1小匙
水淀粉	1大匙
香油	1小匙

做法

1. 干香菇泡入水中至软，先剪成长条丝状，再分剪成段状，沾淀粉（分量外）后，一条条放入140℃油锅中炸至干香，捞起沥油备用。
2. 取锅烧热，加入少许油，放入姜丝、红椒丝和芹菜段炒香后，和做法1的材料、混合拌匀的调味料（香油先不加入）焖煮至入味后，盛入盘中。
3. 放入香菜，淋入烧热的香油即可。

用干香菇制作鳝鱼

39 什锦炒饼 蛋奶素

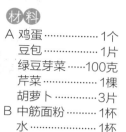

材料

A 鸡蛋·················· 1个
　豆包·················· 1片
　绿豆芽菜······ 100克
　芹菜·················· 1棵
　胡萝卜·············· 3片
B 中筋面粉·········· 1杯
　水···················· 1杯
　盐················ 1/2小匙

调味料

盐···················· 1小匙

做法

1. 绿豆芽菜去头后洗净；芹菜洗净，切段；胡萝卜洗净，切丝；豆包切丝；材料B搅拌均匀成面糊备用。
2. 鸡蛋打散成蛋液，以小火煎成蛋皮后，切丝备用。
3. 热一平底锅，加入2小匙油，慢慢倒入面糊使其铺平整个锅底，以小火将两面糊煎至颜色略变金黄时起锅，待稍凉时切成宽约1厘米的条状备用。
4. 另热一锅，加入2小匙油，放入绿豆芽菜、芹菜、胡萝卜、豆包与盐以中火略炒，再加入蛋皮丝与做法3的饼皮条拌炒均匀即可。

40 雪里红炒豆干

材料

雪里红·········· 220克
豆干·············· 160克
红椒················ 10克
姜···················· 10克
葵花籽油·········· 2大匙

调味料

盐················ 1/4小匙
细砂糖············ 少许
香菇粉············ 少许

做法

1. 雪里红洗净切末；豆干洗净切丁，备用。
2. 红椒洗净切圈；姜洗净切末，备用。
3. 热锅倒入葵花籽油，爆香姜末，放入红椒圈、豆干丁拌炒至微干。
4. 锅中放入雪里红和所有调味料炒至入味即可盛盘。

素食美味小贴士

　　因为豆干含有水分，所以在做法3拌炒时，不妨把豆干丁稍微炒久一点，把水分炒干会比较香，也比较容易入味。

煎炒烧烩
素食料理 篇

vegetarian food

做菜最快最简单的方式就是热炒，
只要将材料依序下锅就能快速完成，
当然煎的方式也非常方便，
且简单变化就能成为烧跟烩。

本篇收入了107道煎、炒、烧、烩素食料理，让你快速搞定素食。

Fry
Burn
Braise

善用锅具 轻松煎炒

喜欢自己下厨烹调料理，就应该特别注意锅具的选择。毕竟，不管你每天使用什么食材、添加什么调味料，所使用的应该都是同一锅具。我们可以每天变化不同菜色，却不可能每天变化不同的料理锅具。一口好锅可以使用很长的时间，更影响着你的健康。

Point1 擅用不粘锅

想保持健康，自然不能吃得太油腻。市面上有些锅具厂商标榜一些特殊锅具，提倡无油料理，也就是完全不放油，直接逼出食材的油脂来烹调，或是添加少许水分烹调食物，但是这类锅具多半所费不低，让人望之却步。其实可以考虑经济一点的选择，比如不粘锅就可做出相当健康的料理。

不粘锅表面铺有一层铁氟龙，所以只要放极少量的油就可以烹调食物，在使用时要特别注意不能破坏这层薄膜，同时锅铲要选择不易破坏铁氟龙的材质，木制锅铲就是很好的选择；清洗时也要用柔软的海绵轻轻搓洗，才能延长它的寿命。市面上另有一款锅体材质以钻石晶体和奈米结合而成的锅具比较流行，它同样具备了不粘锅的特点。

Point2 一般炒锅＋烹调过程添加少许水分

如果家中没有不沾锅，也可以运用替代方式来制作少油料理。使用一般的炒锅其实不必太担心锅具保养的问题，而且选择上也较方便。但因一般锅具有材质上的限制，所以烹调时，如果不放油或油放得太少，食材很容易烧焦。在使用一般锅具来制作少油料理时，可以适时地在烹调过程中添加少许水分，如此也可以轻松做出少油的料理。

烹调小技巧： 烹调时，添加少许水分的好处

烹调时，油的"冒烟点"值得关注。每一种油的冒烟点都不同，只要超过冒烟点，油可能就会变质。那么每一种油的冒烟点各是多少呢？建议在选购油品时，大家不妨注意一下产品的外观包装，上面有厂商标示的该种油品的冒烟点。大部分的油类冒烟点都在100℃以上，所以比较保险的方式是在快炒时掌控油温，拌炒时适时地添加少许水分，将油温控制在100℃以下。

另外，虽然强调少油料理，但并不表示油就不是好东西。为了健康，每天仍须摄取适量的油脂。

✳ 食材切薄好入味

由于快炒烹调时间短，先将蔬菜等食材切薄片或切丝，更便于让快炒的速度均匀一致，甚至调味的辛香料如大蒜、姜、辣椒等也可以切成末或片，这样都可以帮助食材充分地吸收调味汁。

✳ 蔬菜不变色秘诀

部分蔬菜很容易煮到变黄，像芦笋、青西兰花等，可以先将其汆烫再立即捞起放入冰水中定色，再下锅以大火快炒，就不容易变黄。

✳ 快炒嫩豆腐秘诀

嫩豆腐先泡盐水可增加弹性与盐味，切块后再用热开水浸泡约10分钟，能让原本冰冷的豆腐内部也传达到热度，节省之后翻炒的时间，同时泡热开水能去除豆腐的豆涩味，吃起来口感更加滑嫩。

✳ 炒蛋火候控制技巧

蛋非常易熟，蛋料理一定要掌控好火候，动作也要利落。炒蛋或做滑蛋时，最好使用有柄锅，以便于离火控温。一般烹调时先用中火热锅，锅热后熄火，将蛋倒入再开火，如此蛋才不易烧焦。烹调时应注意锅温，温度太高会使蛋焦黑，温度太低则会令蛋变得老硬。

41 宫保圆白菜缨

材料
圆白菜缨·········· 180克
姜片················· 20克
干辣椒············· 10克

调味料
盐··················· 1小匙
水··················· 60毫升

做法
1. 圆白菜缨切块用滚水氽烫后，沥干备用。
2. 热锅，将姜片、干辣椒放入锅中炒香，再加入做法1的圆白菜缨与所有调味料，拌炒均匀即可。

42 银芽炒彩椒

材料
绿豆芽··········· 50克
红、黄、青甜椒丝
·············· 各30克
姜丝················5克

调味料
盐··················· 1小匙
砂糖··············· 1/4小匙

做法
1. 绿豆芽去头尾就是所谓的银芽，将银芽洗净下锅炒香，捞起备用。
2. 将红、黄、青甜椒放入锅中炒香，再加入所有调味料和做法1的银芽，拌炒均匀即可。

43 枸杞香油炒山药

材料

山药	200克
玉米笋	30克
老姜	30克
枸杞子	10克

调味料

黑香油	2大匙
酱油	1小匙
水	60毫升

做法

1. 山药去皮洗净切片；玉米笋洗净切段；枸杞子泡水至软后，捞起沥干，备用。
2. 热锅，将老姜和黑香油炒香，再放入做法1的山药片、玉米笋、枸杞子炒匀，并加入酱油及水拌炒均匀即可。

44 西芹炒鲜带子

材料

西芹··················150克
茭白··················100克
姜片···················10克
胡萝卜片···············10克

调味料

盐··················1/2小匙
砂糖················1/2小匙
香油··················1大匙

做法

1. 茭白剥去外皮后切圆形段；西芹洗净切片后，分别用沸水汆烫，沥干备用。
2. 热锅，将姜片、胡萝卜片放入锅中炒香，再加入做法1的材料和所有调味料，拌炒均匀即可。

45 红椒干丝豇豆

材料
豇豆·············120克
豆干丝·············60克
红椒丝·············20克
姜丝·············5克
红甜椒丝·············10克

调味料
盐·············1小匙
砂糖·············1/4小匙
白胡椒·············1/2小匙
香油·············1大匙

做法
1. 豇豆洗净切段状，和豆干丝分别用沸水汆烫后，沥干备用。
2. 热锅，将红椒丝、姜丝、红甜椒丝放入锅中炒香，再加入做法1的材料和所有调味料，拌炒均匀即可。

食谱示范：刘仁华

46 香辣莲子粒

材料
生莲子·············150克
干辣椒·············5克
姜末·············10克
西芹·············30克

调味料
盐·············1小匙
白胡椒·············1/4小匙

面糊材料
面粉·············50克
水·············40毫升

做法
1. 生莲子用沸水汆烫后，沾面糊炸熟；西芹洗净切小段，备用。
2. 热锅，将干辣椒、姜末、西芹段放入锅中炒香。
3. 再加入炸过的莲子和所有调味料，拌炒均匀即可。

47 西红柿炒素肉酱

材料
西红柿·····················100克
香菇素肉酱···············1罐

调味料
番茄酱·····················2大匙
水·························200毫升

做法
热锅，将洗好的西红柿切块放入锅中炒香，再加入素肉酱及所有调味料，拌炒均匀即可。

48 什锦小黄瓜

材料

小黄瓜	80克
胡萝卜	10克
豆芽菜	20克
草菇	20克
姜片	10克
山药	40克
枸杞子	5克
黑木耳	5克

调味料

盐	1小匙
砂糖	1/2小匙
水	100毫升
水淀粉	1小匙
香油	1大匙

做法

1. 小黄瓜洗净去籽，切长条形；胡萝卜、山药、黑木耳洗净切片；草菇洗净对切半后，用沸水汆烫，沥干备用。
2. 热锅，将姜片、豆芽、枸杞子放入锅中炒香，再加入做法1的所有材料和盐、砂糖、水，拌炒均匀。
3. 倒入水淀粉勾芡，加香油炒匀即可。

49 泡椒木耳

材料
黑木耳·············· 80克
泡椒·············· 20克
山药·············· 30克
西芹·············· 30克
玉米笋·············· 10克
红甜椒·············· 10克
姜·············· 10克

调味料
盐·············· 1小匙
砂糖·············· 1/2小匙
水·············· 100毫升
香油·············· 1小匙
辣椒油·············· 1小匙

做法
1. 黑木耳洗净切小块，备用。
2. 泡辣椒切段；山药、西芹、玉米笋、红甜椒、姜洗净切片，备用。
3. 热锅，将泡椒段、山药片、西芹片、玉米笋片、红甜椒片、姜片放入锅中炒香。
4. 放入黑木耳块与所有调味料，拌炒均匀即可。

50 木耳娃娃菜

材料
娃娃菜·············· 250克
黑木耳丝·············· 20克
胡萝卜片·············· 10克
姜片·············· 5克

调味料
盐·············· 1小匙
砂糖·············· 1/2小匙
水·············· 100毫升

做法
1. 娃娃菜洗净剖成4片，备用。
2. 热锅，放入适量油爆香姜片。
3. 将娃娃菜、黑木耳丝、胡萝卜片和所有调味料放入锅中，拌炒至软即可。

素食美味小贴士
高山娃娃菜外形酷似缩小版的大白菜，长得小巧可爱，因为在市场上货源稀少和取得不易之原因，价格稍高些。高山娃娃菜一般多以热炒方式烹调处理，吃起来口感与大白菜很相似。

51 麻辣土豆丝

材料
土豆·······················100克
青椒·······················20克
红椒·······················10克
姜·························10克
花椒························2克

调味料
盐·························1小匙
砂糖······················1/2小匙
香油·······················1大匙
辣油·······················1大匙

做法
1. 土豆切丝泡冷水，备用。
2. 青椒、红椒、姜洗净切丝，备用。
3. 热锅，将青椒丝、红椒丝、姜丝和花椒放入锅中炒香。
4. 加入土豆丝及所有调味料，拌炒均匀即可。

素食美味小贴士
土豆先泡冷水可以去除土味，且不会破坏整道菜的口感。同时还可洗去表面多余淀粉，炒起来不会糊糊的。

52 红曲笋尖

材料
竹笋·······················450克
熟白芝麻····················适量

调味料
红曲·······················3小匙
砂糖·······················1大匙
水·························300毫升

做法
1. 竹笋剥皮洗净，切成笋尖块状备用。
2. 热锅，将笋尖块和调味料放入锅中，拌煮至汤汁略收干。
3. 加入熟白芝麻拌匀即可。

素食美味小贴士
红曲是一种米类的发酵品，又称为红糟，由于色泽呈红色，常常成为天然的色素。且红曲含有对人体健康有益的成分，但是孕妇应避免食用红曲。

53 白果烩三丁

材料
白果 ·············· 60克
胡萝卜 ············ 30克
小黄瓜 ············ 40克
山药 ·············· 40克
姜 ················ 10克
上海青 ············ 4颗
水 ·············· 500毫升

调味料
盐 ············ 1/2小匙
糖 ············ 1/2小匙
水淀粉 ·········· 1大匙
香油 ············ 1大匙

中药材
当归 ············ 2片
枸杞子 ·········· 10克

做法
1. 小黄瓜洗净后切丁；胡萝卜、山药去皮切丁；姜去皮切末；枸杞子泡水沥干，备用。
2. 水煮沸后，分别把白果、上海青和小黄瓜丁、胡萝卜丁、山药丁汆烫片刻。
3. 另起锅，将姜末炒香后，再加入白果、小黄瓜丁、胡萝卜丁、山药丁以及所有调味料一起拌炒。
4. 起锅前放入所有中药材稍煮一下，摆盘时先用上海青铺底，之后再盛入炒香食材即可。

素食美味小贴士
汆烫白果时，可以加入少许糖，这样能去除白果的苦涩味。

54 龙须苍蝇头

材料

龙须菜300克、素肉泥20克、红椒10克、姜10克、黑豆豉20克、葵花籽油3大匙

调味料

盐1/4小匙、高鲜味精少许、白胡椒粉少许、香油少许、细砂糖少许

做法

1. 红椒洗净切圈、姜洗净切末，备用。
2. 龙须菜取嫩叶，剔除梗部粗纤维后洗净，放入沸水中快速汆烫，捞出沥干水分，切细备用。
3. 热锅倒入葵花籽油，爆香姜末，再放入红椒圈、黑豆豉炒出香味。
4. 放入素肉泥拌炒均匀，再加入所有调味料和龙须菜，拌炒均匀至入味即可。

素食美味小贴士

苍蝇头是经典的家常川菜，在荤食中用的是韭菜花、黑豆豉、猪肉泥制作，如果食用健康素（五辛素）者亦可保留韭菜花入菜。

55 芹菜炒藕丝

材料

莲藕	120克
芹菜段	80克
胡萝卜丝	30克
黄甜椒丝	20克

调味料

酱油	3大匙
盐	1小匙
细砂糖	1小匙
水	150毫升
香油	1大匙

做法

1. 莲藕洗净去皮，切丝，放入沸水中略汆烫。
2. 取锅，放入少许油，加入莲藕丝和所有调味料炒香后，再放入其余材料略拌炒即可。

素食美味小贴士

莲藕不易炒熟，所以切成丝状后先放入沸水中略汆烫，这样和其他不需久炒的芹菜段、胡萝卜丝、黄甜椒丝一起入锅时，略拌炒一下就可以起锅。

56 鱼香茄子

材 料

茄子	300克
姜末	10克
芹菜末	10克
荸荠末	30克
黑木耳末	10克

调 味 料

辣椒酱	1大匙
酱油	1小匙
砂糖	1小匙
水	50毫升
水淀粉	1小匙

做 法

1. 茄子洗净切滚刀块，放入150℃的油锅中炸约15秒，捞起沥油备用。
2. 取锅，加入少许油烧热，放入除茄子外的其余材料炒香，再加入所有调味料快炒均匀后，加入茄子略拌炒即可。

57 毛豆剑笋

材料
剑笋··············150克
毛豆··············60克
姜片··············30克

调味料
辣豆瓣酱··········1大匙
酱油··············1小匙
砂糖··············1小匙
水··············400毫升
水淀粉············1小匙
香油··············1小匙

做法
1. 剑笋用菜刀略拍打过，和毛豆一起放入沸水中汆烫备用。
2. 取锅，放入姜片和所有调味料炒香后，放入做法1的材料焖煮至汤汁略收即可。

素食美味小贴士
剑笋先用刀拍打过，再入锅烹煮会较容易入味。

58 芝麻炒牛蒡

材料
牛蒡··············200克
胡萝卜············适量
姜················10克
熟白芝麻··········少许
葵花籽油··········2大匙

调味料
素乌醋············1小匙
盐················1/4小匙
细砂糖············1/4小匙
白醋··············少许

做法
1. 胡萝卜洗净去皮切丝；姜洗净切末；牛蒡洗净去皮切丝，放入醋水（材料外）中浸泡，使用前捞出沥干水分，备用。
2. 热锅倒入葵花籽油，爆香姜末，放入牛蒡丝、胡萝卜丝略拌。
3. 放入所有调味料快速拌炒至入味，再撒上熟白芝麻拌匀即可。

59 咸酥地瓜

材料
黄地瓜	250克
红地瓜	250克
玉米粉	适量
姜	10克
红椒	10克
罗勒	10克

调味料
盐	1/4小匙
白胡椒粉	少许

做法
1. 黄地瓜、红地瓜洗净、去皮切长块，再加入玉米粉沾裹均匀；姜、红椒、罗勒皆切末备用。
2. 热一锅油，将黄地瓜、红地瓜块放入油锅中，炸熟至表面成金黄酥脆后，捞起沥油。
3. 热锅，加入少许橄榄油（材料外），先放入姜末、红椒末爆香，再放入黄地瓜、红地瓜块拌炒，最后加入所有调味料和罗勒末，拌炒均匀即可。

60 黑胡椒土豆

材料
土豆	300克
鲜香菇	80克
姜末	10克
巴西里末	适量

调味料
盐	1/4小匙
香菇粉	少许
粗黑胡椒粉	少许

做法
1. 土豆洗净蒸熟去皮，再切块；鲜香菇洗净切块。
2. 热锅，倒入橄榄油（材料外）烧热，放入姜末爆香后，加入土豆块煎香，再放入鲜香菇略煎。
3. 加入所有调味料和巴西里末，拌炒均匀即可。

素食美味小贴士
土豆买回家后，若没有马上煮或一次煮不完，可以用报纸将其包覆好后，放在阴凉的通风处保存。土豆虽属于可以存放的蔬菜，但还是建议尽快食用完，以免造成发芽而不能食用。

61 糖醋山药

材料

山药	300克
青椒	60克
红甜椒	60克
菠萝	60克
姜末	10克
地瓜粉	适量
水淀粉	适量

调味料

番茄酱	2大匙
盐	1/4小匙
糖	1大匙
白醋	1大匙
水	3大匙

做法

1. 山药去皮洗净切块，再沾上地瓜粉，备用；青椒、红甜椒分别洗净，去蒂头和籽后切块；菠萝切片，备用。

2. 将山药块放入油锅中炸熟至表面呈金黄色，捞起沥油备用，再放入青椒块、红甜椒块稍微过油后，捞起沥油备用。

3. 热锅，倒入少许橄榄油（材料外），放入姜末爆香，加入所有调味料煮沸并煮匀，以水淀粉勾芡后，加入做法2的所有材料、做法1的菠萝片拌匀即可。

62 素小炒

材料
素肉丝…………………10克
芹菜……………………70克
魔芋……………………100克
豆干……………………200克
姜末……………………15克
红椒……………………10克
橄榄油………………1大匙

调味料
酱油……………………1小匙
酱油膏…………………1小匙
盐………………………少许
糖……………………1/4小匙
白胡椒粉………………少许

做法
1. 素肉丝泡软，放入沸水中氽烫后，捞起备用；魔芋切丝，放入滚水中氽烫后，捞起备用。
2. 芹菜洗净去叶、切段；红椒洗净切丝；豆干洗净切丝，稍微过油后备用。
3. 热锅，倒入橄榄油后，先放入姜末爆香，再放入红椒丝、素肉丝、魔芋丝拌炒均匀，再放入豆干丝和所有调味料，拌炒均匀。
4. 加入芹菜段，炒至所有食材入味即可。

63 菠萝炒木耳

材料
新鲜菠萝片……100克
黑木耳…………………150克
胡萝卜………………30克
姜片……………………20克

调味料
盐…………………… 1小匙
胡椒粉…………1/2小匙

做法
1. 黑木耳和胡萝卜分别洗净切片，放入沸水中略氽烫，捞起备用。
2. 热锅，加入少许油，放入姜片爆香，再放入做法1的材料、新鲜菠萝片和所有调味料，拌炒均匀即可。

素食美味小贴士
制作菠萝炒木耳时，建议选用新鲜菠萝片，不要直接用罐头菠萝片。因为新鲜菠萝片带有天然的酸甜口感，和软脆的木耳一同拌炒后，滋味更佳。

64 红糟茭白

材料

茭白··············250克
豆皮··············30克
姜················10克
红糟酱············20克
橄榄油············2大匙

调味料

糖···············1/2小匙
米酒··············1小匙
水··············100毫升

做法

1. 茭白洗净切条；豆皮放入沸水中汆烫后，捞起切丝；姜切末备用。
2. 热锅，加入橄榄油，放入姜末爆香，加入茭白条翻炒约1分钟后，加入豆皮丝、红糟酱炒匀。
3. 加入所有调味料，拌炒至所有材料入味、汤汁微干即可。

素食美味小贴士

因为茭白较不容易入味，所以记得要切成条状或片状，并记得要将汤汁炒至微干，这样才会入味又好吃。

65 素蟹肉丝白菜

材料

素蟹肉丝··········30克
大白菜············500克
鲜香菇············2朵
姜················5克
芹菜末············5克
葵花籽油··········2大匙
热水············120毫升
水淀粉············适量

调味料

盐···············1/4小匙
细砂糖············1/4小匙
高鲜味精··········少许
素乌醋············少许

做法

1. 大白菜洗净切片；鲜香菇洗净切丝；姜洗净切末，备用。
2. 热锅，倒入葵花籽油，爆香姜末、芹菜末，再放入鲜香菇丝炒香。
3. 放入大白菜片拌炒约2分钟，再加入素蟹肉丝和所有调味料，拌炒均匀。
4. 倒入热水煮开，起锅前用水淀粉勾薄芡即可。

66 素火腿圆白菜

材料
圆白菜·············350克
素火腿·············50克
芹菜···············15克
红甜椒·············20克
姜·················10克
葵花籽油···········2大匙

调味料
盐···············1/4小匙
高鲜味精···········少许
白胡椒粉···········少许
香油··············少许

做法
1. 圆白菜洗净切片；素火腿切细丁；芹菜、红甜椒、姜分别洗净切末，备用。
2. 热锅，倒入1大匙葵花籽油，爆香姜末，加入素火腿细丁炒香，再放入芹菜末、红甜椒末拌炒均匀，取出备用。
3. 另取一锅，再倒入1大匙葵花籽油，放入圆白菜片炒至微软，加入所有调味料拌炒均匀。
4. 再放入做法2中的所有食材，拌炒均匀即可。

67 鲜花生炒圆白菜

材料
圆白菜·············300克
鲜花生仁···········40克
鲜木耳·············20克
胡萝卜·············20克
香菜···············适量

调味料
盐···············1/4小匙
香菇粉············少许

做法
1. 圆白菜洗净剥片；新鲜花生仁用塑料袋装起捣碎；新鲜木耳洗净切小片；胡萝卜去皮切小片，备用。
2. 热锅，倒入适量油，放入花生碎炒香，再加入圆白菜片、胡萝卜片、木耳片拌炒至熟。
3. 再加入所有调味料、香菜炒匀即可。

素食美味小贴士
圆白菜用手撕成大片比用刀切更易入味，在炒的时候要全程用大火快炒，这样更能保持圆白菜的脆度，不至于吃起来感觉软软烂烂的。

68 蚝油鲍鱼菇

材料
鲍鱼菇⋯⋯⋯⋯⋯⋯120克
上海青⋯⋯⋯⋯⋯⋯4颗
姜末⋯⋯⋯⋯⋯⋯⋯10克

调味料
A 高汤⋯⋯⋯⋯⋯⋯80毫升
　素蚝油⋯⋯⋯⋯⋯2大匙
　白胡椒粉⋯⋯⋯1/4小匙
　料酒⋯⋯⋯⋯⋯⋯1大匙
B 盐⋯⋯⋯⋯⋯⋯⋯少许
　水淀粉⋯⋯⋯⋯⋯1小匙
　香油⋯⋯⋯⋯⋯⋯1大匙

做法
1. 鲍鱼菇洗净切斜片；上海青洗净去尾段后，剖成四瓣，备用。
2. 烧一锅水，将鲍鱼菇及上海青分别入锅汆烫约5秒后，冲凉沥干备用。
3. 热锅，放入少许油，将上海青下锅，加入盐炒匀后起锅，围在盘上装饰备用。
4. 另热锅，倒入1大匙油，以小火爆香姜末，放入鲍鱼菇及调味料A，以小火煮约半分钟后，以水淀粉勾芡，洒上香油拌匀，装入做法3的盘中即可。

煎炒烧烩素食

69 翠绿雪白

材料

白灵菇 100克
细芦笋 50克
芹菜 30克
姜丝 5克
红椒 1个

调味料

淡色酱油 1大匙
糖 1/2小匙

做法

1. 细芦笋放入沸水中汆烫约10秒后，捞起切段；白灵菇洗净；芹菜去叶片，洗净后切段；红椒洗净切丝，备用。
2. 热锅，倒入适量油，放入姜丝、红椒丝爆香，再放入白灵菇、芹菜段炒匀。
3. 加入所有调味料炒入味，再放入细芦笋段炒匀即可。

素食美味小贴士

这道菜要突显芦笋的翠绿与白灵菇的雪白，因此不建议用传统酱油，以免颜色太深让色泽不好看，使用淡色酱油或和风海带酱油颜色就会淡些，炒出来才更漂亮。

70 香菜草菇

材料
草菇·················150克
香菜·················30克
香油·················1大匙
姜丝·················10克
红椒丝·············10克

调味料
素蚝油·············1/2大匙
米酒·················1大匙
糖·····················1/2小匙

做法
1. 香菜洗净切段；草菇洗净，蒂头划十字，备用。
2. 热锅，倒入香油，加入姜丝、红椒丝炒香，再放入草菇煎至上色。
3. 加入所有调味料拌炒入味，起锅前加入香菜段炒匀即可。

素食美味小贴士
　　草菇因为蒂头较薹摺厚，在烹调前最好在蒂头处划十字，这样可以平均草菇两端的加热速度；此外，香菜煮太久会变黑变烂，只要在起锅前下去拌炒一下即可。

71 油醋香菇

材料
鲜香菇5朵

调味料
A 橄榄油 2小匙、蒜仁2颗、黑胡椒粉1/2小匙
B 红酒醋 2小匙、盐1/2小匙、水2小匙
C 欧芹菜1根

做法
1. 鲜香菇洗净，每朵切成1/4小块；蒜仁去皮，切末；欧芹洗净，切末备用。
2. 热锅，加入调味料A爆香后，放入新鲜香菇块以大火快炒至熟，再加入调味料B，拌炒均匀至入味，起锅前撒上欧芹末即可。

素食美味小贴士
　　红酒醋在西式料理中是经常用到的一种调味料，尤其在调制油醋的沙拉酱汁中更是少不了它。微带酒香的酒醋由不同厂家制作出来的酸度也不太相同，读者可于各大超市购买。

72 竹笋豆干丝

材料
沙拉笋·················3支
豆干·················3片
酸菜心·················2片
姜片·············3~4片

调味料
盐·····················1/4小匙
糖·····················1小匙

做法
1. 沙拉笋、豆干、姜片分别洗净切丝，备用。
2. 酸菜心洗净切细丝，放入滚水中汆烫沥干备用。
3. 热油锅，先爆香姜丝，再放入豆干丝炒干。
4. 放入酸菜丝、笋丝一起炒至收干。
5. 放入所有调味料拌匀即可。

素食美味小贴士
竹笋盛产于春夏，非产季时只能用沙拉笋来代替新鲜竹笋，不过沙拉笋因为已经处理过并用真空包装，因此可以直接食用，更加方便。

73 辣炒酸菜

材料
酸菜·················300克
姜·····················20克
红椒·················30克

调味料
糖·····················2大匙

做法
1. 酸菜洗净切丝；姜、红椒洗净切碎，备用。
2. 热锅，倒入少许油，以小火爆香红椒碎和姜碎。
3. 加入酸菜丝和糖，以中火翻炒约3分钟，至水分完全收干即可。

素食美味小贴士
酸菜是利用刚采收的芥菜所制作，拌炒或者煮汤食用都不错。拌炒酸菜的时候，要先将其中的水分炒干，干炒出酸菜的咸香脆。

74 萝卜炒海带

材料

白萝卜350克、海带根100克、姜丝15克、熟白芝麻少许

调味料

A 味酥20毫升、米酒1大匙、素乌醋少许、淡酱油1.5大匙、盐少许
B 七味粉少许

做法

1. 白萝卜去皮切条状，放入沸水中汆烫3分钟，取出沥干备用。
2. 海带根洗净，放入沸水中汆烫一下，取出沥干备用。
3. 热锅，倒入2大匙油，放入姜丝爆香，放入白萝卜条炒匀。
4. 加入海带根和调味料A炒入味，再撒入熟白芝麻与七味粉即可。

素食美味小贴士

白萝卜本身有强烈的辛辣味，可以借由汆烫的步骤，减少白萝卜的辛辣味，但记住不要汆烫太久，否则白萝卜的鲜味与营养都会流失在水中。

75 枸杞炒川七

材料

川七……………300克
枸杞子…………15克
姜…………………10克
香油……………2大匙

调味料

盐………………1/4小匙
糖…………………少许
米酒……………2大匙

做法

1. 枸杞和川七分别洗净、沥干；姜切成丝状，备用。
2. 热锅，加入2大匙香油，放入姜丝爆香，再放入川七和枸杞子稍微拌炒，接着依序加入所有调味料，炒至所有材料均匀入味即可。

素食美味小贴士

川七性凉，用香油翻炒可以去除川七本身的青草味，也能互补。另外，在翻炒时要记得以大火快炒，因为川七易熟，不需要炒太久。

76 糊辣素鸡球

材料
杏鲍菇	150克
姜末	10克
干辣椒	100克
辣椒末	10克
花生末	10克

面糊材料
低筋面粉	80克
水	50毫升

调味料
辣椒酱	1小匙
砂糖	1/2小匙
白胡椒粉	1/2小匙
香油	1大匙
辣椒油	1大匙

做法
1. 杏鲍菇洗净后，以滚刀方式切成块状后，沾裹上混合好的面糊，然后以150℃的油温炸至金黄色。
2. 另起锅，将姜末、干辣椒、辣椒末放入锅中炒香，再加入做法1的杏鲍菇与所有调味料，快炒均匀即可。

77 黑椒素鸡柳

材料
杏鲍菇…………100克
青椒条…………20克
红甜椒条…………5克
黄甜椒条…………10克
姜条…………5克

调味料
黑胡椒粒…………1小匙
素蚝油…………1大匙
酱油…………1/2小匙
番茄酱…………1大匙
砂糖…………1大匙
水…………60毫升

做法
1. 杏鲍菇洗净后，切成柳条状备用。
2. 热锅，将所有调味料放入锅中炒匀，再加入做法1的杏鲍菇条和剩余材料，以大火拌炒匀均即可。

素食美味小贴士
　　杏鲍菇菌肉肥厚实在，质地又脆又嫩，特别是菌伞细密结实、口感脆滑。在素食料理中，杏鲍菇是鸡肉的最佳替代品。

78 麻辣鸡丁

材料
杏鲍菇…………100克
青椒片…………30克
姜片…………5克
红椒片…………10克
花椒…………3克
水淀粉…………1大匙

面糊材料
低筋面粉…………80克
水…………50毫升

调味料
酱油…………1大匙
白醋…………1小匙
砂糖…………1小匙
水…………80毫升
香油…………1小匙
辣椒油…………1小匙

做法
1. 杏鲍菇洗净，以滚刀方式切片状，再沾裹混合好的面糊，炸至金黄取出，沥干备用。
2. 另起锅，将青椒片、姜片、红椒片和花椒放入锅中炒香，再加入做法1的杏鲍菇片与所有调味料，拌炒均匀，以水淀粉勾芡即可。

79 油淋去骨鸡

材料

豆包·····················1块
罗勒末·················10克
红椒末·················10克
姜末·····················5克

面糊材料

低筋面粉···············60克
水·····················40毫升

调味料

酱油·····················1大匙
香油·····················2大匙
白胡椒················1/4小匙

做法

1. 豆包沾裹混合拌匀的面糊，用130℃油温炸至金黄后，取出沥干油，切片状置于盘中。
2. 另起锅，将罗勒末、红椒末、姜末放入锅中拌炒，加入所有调味料炒匀后，再淋在做法1的豆包片上即可。

80 锅巴香辣鸡

材料

杏鲍菇··············150克
豆酥··················100克
干辣椒末············30克
锅巴···················20克

调味料

辣椒酱·············1小匙
砂糖·················1大匙

面糊材料

中筋面粉···········40克
水·····················30毫升

做法

1. 杏鲍菇洗净切块，沾上混合拌匀的面糊，放入140℃的油锅中炸至呈金黄色，捞起沥油备用。
2. 将锅巴放入做法1的油锅中炸至酥脆后，捞起沥油，压碎备用。
3. 另取锅，放入豆酥和所有调味料炒至香酥后，加入干辣椒末拌炒均匀，再加入做法1、做法2的材料略拌炒即可。

81 左宗棠鸡

材料

杏鲍菇··············100克
红椒··················50克
姜末··················20克

面糊材料

中筋面粉·········2大匙
水·····················40毫升

调味料

酱油·················1大匙
砂糖·················1小匙
香油·················1小匙
白醋·················1大匙
辣椒油·············1小匙
水·····················3大匙
水淀粉·············2大匙

做法

1. 杏鲍菇洗净切滚刀块，沾上混合拌匀的面糊，放入140℃油锅中炸至呈金黄色，捞起沥油备用。
2. 红椒去籽，对剖切开，放入做法1的油锅中炸干，捞起沥油备用。
3. 另取锅，加入少许油烧热，放入姜末爆香，加入做法1和做法2的材料，以及混合拌匀的调味料，拌炒均匀即可。

82 辣子鸡丁

材料

猴头菇	150克
小黄瓜块	80克
姜片	20克
红椒片	30克
水淀粉	1大匙
香油	1小匙

调味料

辣椒酱	1大匙
酱油	1小匙
砂糖	1大匙
水	45毫升
辣油	1小匙

做法

1. 猴头菇洗净撕成块状，沾上混合拌匀的面糊，放入140℃的油锅中炸至呈金黄色，捞起沥油备用。
2. 另取锅烧热，加入少许油，放入小黄瓜片、姜片、红椒片和所有调味料炒香后，再加入做法1的猴头菇块拌炒均匀。
3. 以水淀粉勾芡，再淋上香油即可。

83 莲藕炒素肉

材料

莲藕	150克
黑胡椒素鸡块	200克
碧玉笋	5克
红椒	10克

调味料

盐	少许
细砂糖	少许
香菇粉	少许

做法

1. 碧玉笋洗净切段；红椒洗净切片，备用。
2. 莲藕洗净切片，放入醋水（材料外的少许白醋加水）中浸泡，备用。
3. 热油锅至油温约160℃，放入莲藕片炸约1分钟，捞出沥油；于油锅中续放入黑胡椒素鸡块炸约1分钟，备用。
4. 热锅倒入少许油，爆香红椒片、碧玉笋段，再放入莲藕片和黑胡椒素鸡块拌炒均匀。
5. 加入所有调味料，拌炒均匀至入味即可。

84 回锅素肉

材料

素肉排	150克
青椒片	30克
笋片	20克
红椒片	5克
姜片	10克

调味料

辣椒酱	1/2小匙
甜面酱	1小匙
番茄酱	1小匙
砂糖	1小匙
水	80毫升
水淀粉	1大匙
香油	1小匙

做法

1. 素肉排洗净切片状。
2. 热锅，将青椒片、笋片、红椒片、姜片放入锅中炒香，再加入素肉片，并加入辣椒酱、甜面酱、番茄酱、砂糖、水，以大火拌炒匀。
3. 倒入水淀粉勾芡，淋上香油即可。

煎炒烧烩素食

85 碧玉笋炒素五花

材料

碧玉笋·············150克
素五花肉··········200克
红椒···············10克
葵花籽油·········2大匙
水···············60毫升

调味料

盐·················少许
高鲜味精·········少许
生抽···············少许

做法

1. 碧玉笋、红椒分别洗净切片；素五花肉洗净切片，备用。
2. 热锅倒入葵花仔油，放入素五花肉片略拌炒后，取出备用。
3. 锅中放入红椒片、碧玉笋片拌炒，加入所有调味料和水拌炒均匀，再放入素五花肉片拌匀即可。

素食美味小贴士

使用以魔芋、香菇蒂等材料制作成的五花肉，从外观上看和荤食的五花肉块很相似，素食者在进餐时，可同时兼顾口感和视觉效果。

86 橙汁子排

材料

油条··········200克
芋头··········150克
柳橙············1个
熟白芝麻········适量

调味料

橙汁········500毫升
砂糖········1小匙
白醋········1小匙

做法

1. 芋头洗净去皮，切厚片状，放入电锅中蒸软（外锅加3杯水），压成泥状后备用。
2. 油条切段，挖空后填入芋泥，放入140℃的油锅中，炸至酥脆，捞起沥油备用。
3. 取柳橙果肉，切小丁备用。
4. 取锅，加入调味料拌煮均匀，再加入柳橙果肉丁和做法2的材料，略拌匀后盛盘，再撒上熟白芝麻即可。

87 香芋子排煲

材料

素排骨酥·············100克
芋头块·············80克
红甜椒块·············30克
香菇块·············3朵
姜片·············20克

调味料

素蚝油·············1大匙
酱油·············1大匙
砂糖·············1大匙
水·············100毫升
香油·············1大匙

做法

1. 芋头块和红甜椒块放入160℃的油锅中，炸至金黄后，取出备用。
2. 另起锅，将香菇块、姜片放入锅中炒香，再加入做法1的材料及所有调味料，拌煮至汤汁略收干即可。

煎炒烧烩素食

88 香辣排骨酥

材料
素排骨酥·············120克
干辣椒···············10克
花椒··················2克
姜末··················5克
罗勒··················5克

调味料
盐·················1/2小匙
白胡椒················少许

做法
1. 素排骨酥放入140℃的油锅中略炸，取出备用。
2. 另起锅，将干辣椒、花椒、姜末放入锅中炒香，再加入做法1的素排骨酥和所有调味料，最后加入罗勒炒匀即可。

89 鱼香素肉丝

材料

素肉排··········120克
黑木耳丝··········10克
姜末··········10克
青椒末··········10克
小黄瓜末········20克
水淀粉··········1大匙

调味料

辣椒酱··········1大匙
酱油··········1小匙
砂糖··········1大匙
水··········200毫升
香油··········1小匙
辣油··········1小匙

做法

1. 素肉排切丝状备用。
2. 热锅,将黑木耳丝、姜末、青椒末、小黄瓜末放入锅中炒香,加入辣椒酱、酱油、砂糖、水拌炒匀后,再放入素肉排丝。
3. 倒入水淀粉勾芡,并加入香油和辣油炒匀即可。

90 京酱素肉丝

材料

素肉排··········120克
绿豆芽··········30克
小黄瓜··········30克
姜末··········10克

调味料

甜面酱··········1大匙
番茄酱··········1小匙
砂糖··········1小匙
水··········100毫升
香油··········1小匙

做法

1. 绿豆芽洗净略汆烫后沥干,铺平于盘中,备用。
2. 将素肉排切丝;小黄瓜洗净切丝,备用。
3. 热锅,将姜末放入锅中炒香后,再放入素肉排丝、小黄瓜丝和所有调味料,拌炒均匀后,盛于做法1的盘中即可。

素食美味小贴士

大部分素肉和真的肉类相比还是有明显的差异。以素肉丝为例,虽然煮熟之后的口感和真肉有一点像,但是味道却和真肉有所不同,有一些素肉在制作时会加一点素沙茶之类的香料。

91 红烧肥肠

材料
面肠·····················4条
芹菜·····················1棵
红椒·····················1个
竹笋·····················1/4个
水·······················2大匙

调味料
酱油·················1/2大匙
素沙茶··············1大匙
素蚝油··············1大匙

做法
1. 将面肠切成3厘米长的段状，并由内往外翻后，加入酱油以手略抓一下，约腌5分钟至入味；芹菜、红椒洗净，均切成末；竹笋洗净，切片备用。
2. 将做法1的面肠放入180℃的热油锅中，以大火炸至表面金黄略脆时，捞出沥油备用。
3. 另起锅放入2小匙油，以中火将芹菜末、红椒末、竹笋片爆香，加入水及素沙茶、素蚝油后，放入做法2的面肠拌炒入味即可。

92 三杯素肠

材料
面肠·····················5条
老姜·····················1块
红椒·····················1个
罗勒··················150克

调味料
素高汤·················1杯
黑香油··············1大匙
酱油·················2大匙
糖·····················1小匙

做法
1. 面肠洗净切片；老姜、红椒洗净切片，备用。
2. 热锅，放入黑香油、姜片、红椒片爆香，加入面肠片炒至颜色略变黄后，加入其余调味料以小火续煮至汤汁收干，起锅前放入罗勒，再转大火快炒一下即可。

素食美味小贴士
罗勒很容易煮透，且容易氧化变黑，因此建议在最后起锅前，再放入罗勒炒至变软就可以了，否则炒太久的话罗勒会变得黑黑烂烂的，影响外观和口感。

93 酱爆素肥肠

材料
面肠·····················150克
甜豆荚·····················30克
茭白·······················30克
姜末·······················10克

调味料
甜面酱·····················1小匙
番茄酱·····················1/2小匙
砂糖·······················1小匙
水·························100毫升
香油·······················1大匙

素食美味小贴士
酱爆肥肠是快炒荤食料理中颇受欢迎的料理之一，非常下饭。而在素食料理中，肥肠可以用面肠来代替，其形状及口感都很像，可以满足素食者的味蕾。

做法
1. 面肠切成圆长形后，放入160℃的油锅中炸至金黄后，取出沥油。
2. 甜豆荚、茭白洗净切段，备用。
3. 另起锅，将甜豆荚段、茭白段、姜末放入锅中炒香，再加入所有调味料和做法1的面肠，拌炒均匀即可。

煎炒烧烩素食

94 姜丝炒大肠

材料
面肠·····················180克
姜丝·······················30克
红椒丝·····················10克

调味料
酱油·······················1小匙
盐·························1小匙
砂糖·······················1小匙
水·······················100毫升
白醋·······················1小匙

做法
1. 面肠切块状，放入150℃的油锅中炸至金黄色后，取出备用。
2. 另起锅，将姜丝、红椒丝放入锅中爆香，加入所有调味料与做法1的面肠块，拌炒均匀即可。

95 酸菜炒素肚

材料
素肚······160克
酸菜······60克
红椒······10克
姜······15克
葵花籽油······2大匙

调味料
盐······少许
细砂糖······1/4小匙
高鲜味精······少许
水······1大匙
香油······少许

做法
1. 素肚、红椒、姜分别洗净切丝；酸菜洗净切丝，在冷水中泡约1分钟后，捞出沥干水分，备用。
2. 热锅倒入葵花籽油，爆香姜丝、红椒丝，放入素肚丝拌炒约1分钟。
3. 放入酸菜丝略拌炒，再放入所有调味料，拌炒至入味即可。

96 豆酱炒素肚

材料
素肚······200克
姜末······10克
西芹段······20克
红甜椒丝······5克
红椒丝······10克

调味料
黄豆酱······1大匙
砂糖······1小匙
水······80毫升
香油······1大匙

做法
1. 素肚切丝后，放入沸水锅中汆烫一下，取出沥干备用。
2. 热锅，将姜末、西芹段、红甜椒丝、红椒丝放入锅中炒香，再加入做法1的素肚丝和所有调味料，拌炒均匀即可。

素食美味小贴士
素肚是豆干的加工制品，硬中带韧，口感香酥，且富含蛋白质。由于素肚看起来很像猪肚，所以在素食料理中可以代替猪肚。

97 五彩腰花

材料
素腰花·····················300克
红甜椒·······················70克
黄甜椒·······················60克
青椒·························60克
黑木耳·······················50克
姜片·························10克

调味料
盐·······················1/4小匙
香菇粉·····················1/4小匙
米酒·······················1/2大匙

做法
1. 素腰花洗净切块，放入沸水中汆烫一下，捞起备用。
2. 红甜椒、黄甜椒洗净，去籽切片；黑木耳洗净切小片，备用。
3. 锅烧热，加入2大匙油，放入姜片爆香。
4. 再放入红甜椒片、黄甜椒片和黑木耳片拌炒，最后放入素腰花块和所有调味料，拌炒入味即可。

98 芦笋炒腰花

材料

素腰花·············120克
芦笋·················60克
红甜椒片···········50克
姜片·················10克

调味料

盐···················1小匙
砂糖··············1/2小匙
白胡椒·········1/2小匙
香油··············1大匙

做法

1. 素腰花、芦笋分别洗净切段，在沸水中汆烫，沥干备用。
2. 热锅，将红甜椒片、姜片放入锅中炒香，再加入做法1的材料和所有调味料，拌炒均匀即可。

素食美味小贴士

素腰花成分和魔芋差不多，制作方式也类似，因此难免有些碱味，料理前先汆烫过就可以去除其碱味，吃起来更加美味。

99 沙茶炒素腰花

材料

素腰花·············250克
芹菜·················200克
红椒·················10克
姜···················10克
葵花籽油·········2大匙

调味料

素沙茶酱·········1大匙
盐··············1/4小匙
细砂糖············少许
高鲜味精············少许

做法

1. 芹菜洗净切段；红椒洗净切细段；姜洗净切丝，备用。
2. 素腰花洗净，放入沸水中快速汆烫，捞出沥干水分，备用。
3. 热锅倒入葵花籽油，爆香姜丝、红椒段，再放入素腰花略拌炒。
4. 加入芹菜段拌炒均匀，再加入所有调味料，拌炒至入味即可。

100 西兰花炒素米血

材料
素米血⋯⋯⋯⋯⋯250克
西兰花⋯⋯⋯⋯⋯100克
红甜椒片⋯⋯⋯⋯10克
姜片⋯⋯⋯⋯⋯⋯10克

调味料
盐⋯⋯⋯⋯⋯⋯1/2小匙
砂糖⋯⋯⋯⋯⋯1/2小匙
香油⋯⋯⋯⋯⋯⋯1大匙

做法
1. 素米血切块状；西兰花洗净切块，用沸水汆烫后，取出沥干备用。
2. 热锅，将红甜椒片、姜片放入锅中炒香，再加入做法1的材料和所有调味料，拌炒均匀即可。

101 秋葵炒素鱼片

材料
魔芋片·············150克
秋葵················100克
姜片···············10克
红甜椒片···········10克

调味料
盐·················1小匙
砂糖··············1/2小匙
水················50毫升
香油··············1小匙

做法
1. 秋葵洗净切斜段状，备用。
2. 热锅，将姜片和红甜椒片放入锅中炒香，再加入所有调味料拌炒均匀。
3. 放入秋葵和魔芋片，炒匀即可。

102 酸辣素鱿鱼

材料
魔芋……………120克
酸菜末…………20克
红椒末…………10克
姜末……………10克
芹菜末…………10克

调味料
酱油……………1小匙
砂糖……………1大匙
香油……………1大匙

做法
1. 魔芋画十字刀，切片状备用。
2. 热锅，将酸菜末、红椒末、姜末、芹菜末放入锅中炒香。
3. 加入所有调味料及做法1的魔芋片，拌炒均匀即可。

103 豆酥素牡蛎

材料
草菇……………100克
姜末……………20克
豆酥……………60克
地瓜粉…………适量

调味料
辣椒酱…………1/2小匙
砂糖……………2大匙
香油……………1大匙

做法
1. 草菇洗净去膜剖半，用沸水氽烫，然后沾地瓜粉，再用沸水氽烫至熟，放入盘中。
2. 热锅，将姜末放入锅中炒香，再加入豆酥与所有调味料，拌炒至金黄香酥，淋在做法1的草菇上即可。

素食美味小贴士
豆酥有球状与碎粒状两种，以球状的豆酥较佳。豆酥的香味要经过一段时间的翻炒才能完全散发出来，翻炒时要均匀，同时火不要太大，以免炒焦后有苦味跑出来。

104 豆豉牡蛎

材料

豆豉	30克
草菇	100克
红椒末	20克
姜末	10克
青椒末	50克
地瓜粉	适量

调味料

酱油膏	2大匙
砂糖	1大匙
香油	1小匙

做法

1. 草菇洗净对切，放入沸水中氽烫，沾地瓜粉后，再放入沸水中略氽烫，捞起沥干备用。
2. 取锅烧热，加入少许油，放入豆豉、红椒末、姜末、青椒末和所有调味料拌炒后，放入法1的材料，略拌炒均匀即可。

用草菇制作牡蛎

素食美味小贴士

煮牡蛎时，为了避免入锅后牡蛎肉质紧缩，所以会先沾粉后再入锅烹煮，如此可以维持牡蛎饱满的好口感。而草菇则适合先烫过后，再沾粉入锅烹煮，这样看起来就很像平日常吃的牡蛎了。

105 锅贴鱼片 蛋奶素

材料
魔芋·················· 50克
吐司···················· 4片
香菜叶················· 2克
胡萝卜末·············· 5克
香菇末················· 5克

腌料
香油··················· 少许
胡椒粉················· 少许
盐····················· 少许

面糊材料
中筋面粉··········· 30克
水··················15毫升
盐····················· 4克

做法
1. 魔芋切片状；吐司去边，分切成2等份备用。
2. 面糊材料混合拌匀，抹在土司片的一面上，铺上魔芋片后，放上香菜叶、胡萝卜末、香菇末，重复上述做法至土司用完为止。
3. 热油锅，放入做法2的半成品，以半煎炸的方式至外观呈金黄色，捞起沥油即可。

注：吐司含有奶油与鸡蛋。

106 炒素鳝鱼

材料
干香菇（大型）8朵、绿豆芽60克、碧玉笋15克、芹菜5克、姜5克、红椒5克、水淀粉少许

调味料
A 胡椒盐少许、地瓜粉适量
B 盐1/4小匙、细砂糖1/4小匙、高鲜味精少许、素乌醋1小匙、水50毫升、香油少许

做法
1. 绿豆芽洗净去头尾；碧玉笋洗净撕开、切段，备用。
2. 红椒、姜洗净切丝；芹菜洗净切末，备用。
3. 干香菇洗净，泡水至软切条，加入胡椒盐拌匀，裹上地瓜粉，放入油锅中炸约2分钟，捞出沥油备用。
4. 热锅倒入葵花籽油，爆香红椒丝、姜丝、芹菜末后，放入绿豆芽、碧玉笋段、香菇条略炒。
5. 加入所有调味料B炒至入味，倒入水淀粉勾薄芡即可。

107 白果烧素鳗

材料

白果80克、素烧鳗4条、胡萝卜20克、碧玉笋40克、姜10克、葵花籽油1大匙、水淀粉适量

调味料

素蚝油1小匙、细砂糖1/4小匙、香菇粉1/4小匙、盐少许、素乌醋少许、香油少许、水100毫升

做法

1. 素烧鳗切段；热油锅至油温约160℃，放入素烧鳗段炸至酥脆上色，捞出沥油，备用。
2. 碧玉笋洗净切段；姜洗净切片；胡萝卜洗净切片，备用。
3. 胡萝卜片和白果放入沸水中汆烫，捞出沥干水分，备用。
4. 热锅倒入葵花籽油，爆香姜片，加入碧玉笋片快速拌炒。
5. 放入白果、胡萝卜片，加入所有调味料（香油先不加入）煮至沸，放入做法1中的素烧鳗段拌匀，煮至入味后，倒入适量水淀粉勾芡，再淋上香油即可。

素烧鳗DIY

材料：
豆包4片、海苔4张、盐少许、白胡椒粉少许、面糊（面粉2大匙，水2大匙）

做法：
1. 取1张海苔铺平，上面铺上1片豆包，在豆包上撒少许盐和白胡椒粉。
2. 将海苔豆包卷起。
3. 在封口处涂上面糊粘紧即可。

108 芦笋炒素虾仁

材料

芦笋·············300克
素虾仁·········130克
姜···················10克
红椒···············10克
葵花籽油·········1大匙

调味料

A 盐··············1/4小匙
　 细砂糖·········少许
　 高鲜味精·········少许
　 白胡椒粉·········少许
B 香油·········少许

做法

1. 红椒、姜洗净切片；芦笋洗净切段，放入沸水中快速氽烫后捞出，浸泡在冰水中。
2. 素虾仁放入沸水中快速氽烫，捞出沥干水分备用。
3. 热锅倒入葵花籽油，爆香红椒片、姜片，再放入芦笋段、素虾仁以及所有调味料A，拌炒均匀至入味，起锅前淋上香油即可。

素食美味小贴士

　　这道菜吃的就是鲜甜滋味，而且两种食材都已事先氽烫过，所以在制作时，不妨以大火快炒后立即起锅，最能吃出它的好味道。

109 西芹炒素鱿鱼

材料

素鱿鱼（魔芋）
·············160克
西芹···········200克
黑木耳·········30克
红椒···············10克
姜···················10克
葵花籽油·········2大匙
热水···········50毫升

调味料

盐··············1/4小匙
高鲜味精·········少许
细砂糖·········少许

做法

1. 西芹洗净切段；黑木耳、红椒、姜分别洗净切片，备用。
2. 素鱿鱼在水中浸泡约15分钟，去除碱味，然后放入沸水中快速氽烫，捞出沥干水分，备用。
3. 热锅倒入葵花籽油，爆香姜片、红椒片，再放入黑木耳片、西芹段拌炒约1分钟。
4. 倒入热水、素鱿鱼以及所有调味料，拌炒均匀至入味即可。

110 宫保鱿鱼

材料

魔芋	120克
姜片	20克
青椒片	50克
干辣椒	30克
花椒	3克

调味料

酱油	1大匙
砂糖	1小匙
胡椒粉	1/2小匙
白醋	1小匙
水淀粉	1大匙
水	2大匙
香油	1大匙
辣油	1小匙

做法

1. 魔芋切十字花刀后，再切成小片状，放入沸水中略汆烫后，捞起沥干备用。
2. 热锅，加入少许油，先放入姜片、青椒片和所有调味料爆香，再加入魔芋片和干辣椒、花椒拌炒均匀即可。

用魔芋制作鱿鱼

111 豆包炒杏菇面

材料

豆包······················1块
杏鲍菇····················200克
胡萝卜丝··················20克
黑木耳丝··················10克
四季豆····················20克

调味料

酱油······················1大匙
砂糖······················1小匙
白胡椒····················1小匙
水······················200毫升
香油······················1小匙

做法

1. 杏鲍菇洗净，切成面条状备用。
2. 豆包略炸香后切条状；四季豆切斜段，备用。
3. 热锅，将胡萝卜丝和黑木耳丝放入炒香，再加入做法1、做法2的材料与所有调味料拌炒至汤汁略收干即可。

素食美味小贴士

杏鲍菇是荤食的最佳替代品。除了可以变成盐酥鸡、肉丝、肉块等，还能成为面条。选比较长条的杏鲍菇，切成长条状，就成为杏鲍菇面了，是可以假乱真的面食。

112 豉汁花干

材料
花干·····················2块
豆豉·····················10克
小黄瓜片··········20克
红椒片···············8克

调味料
酱油···············1大匙
砂糖···············1小匙
水···············100毫升
香油···············1大匙

做法
1. 花干切块，用沸水汆烫，沥干备用。
2. 热锅，将豆豉、小黄瓜片、红椒片放入锅中爆香，再加入花干与调味料炒拌均匀，再炒至汤汁略干即可。

素食美味小贴士
由于豆豉是味道比较咸的腌豆制品，建议在料理前先稍微洗干，这样才不会因太咸而影响整道菜的味道。

113 剑笋炒花干

材料
剑笋·····················150克
花干·····················1块
姜末·····················20克
水淀粉···············1大匙

调味料
辣瓣酱···············1大匙
酱油···············1大匙
砂糖···············1小匙
水···············300毫升
香油···············1大匙

做法
1. 剑笋、花干切块，用沸水汆烫，沥干备用。
2. 热锅，将姜末放入锅中炒香，再加入做法1的材料和所有调味料，煮至汤汁略收干。
3. 锅中倒入水淀粉勾芡，并加入香油拌炒匀即可。

114 姜汁豆包

材料
豆包·················2片
干香菇·············2~3朵
姜汁················10克
红椒················1个
姜·················10克

调味料
酱油················3大匙
盐·················1小匙
细砂糖··············1小匙
水················150毫升
香油··············1大匙

做法
1. 豆包对半切开；干香菇泡软切丝；姜、红椒切丝，备用。
2. 热油锅至油温约160℃，放入做法1豆包以中火油炸约3分钟，捞出沥油备用。
3. 另起锅，加入少许油烧热，放入香菇丝、姜丝以中火爆香，再加入所有调味料，以中火煮至沸腾后放入豆包、红椒丝，煮约5分钟即可。

素食美味小贴士
制作姜汁时姜和水的例为1:2，例如需要10克的姜汁，则需取10克水加上5克姜块，在水中辗碎姜块即可。

115 香煎豆包

材料
豆包3片、胡萝卜丝30克、黑木耳丝30克、沙拉笋丝50克、香菇丝20克、姜末10克、芹菜末15克、白芝麻少许、水淀粉少许、面糊适量

调味料
盐1/4小匙、糖少许、白胡椒粉少许

做法
1. 热锅，倒入少许橄榄油（材料外）爆香姜末，先放入胡萝卜丝稍微拌炒，再放入黑木耳丝、沙拉笋丝和香菇丝拌炒均匀。
2. 加入所有调味料和芹菜末炒至所有材料入味，再加入少许水淀粉勾薄芡，至收干后盛出备用。
3. 将豆包铺平，放入适量做法2的材料后卷起，尾端抹上少许面糊（材料外）卷紧沾上白芝麻，即为豆包卷，备用。
4. 热锅，加入适量橄榄油（材料外），将豆包卷封口朝下放入锅中，以中小火慢慢煎至豆包卷表面焦香即可。

116 蚂蚁上树

材料

粉条	2把
素肉末	50克
香菇末	20克
姜末	10克
青椒末	5克

调味料

辣椒酱	1大匙
酱油	1大匙
砂糖	1大匙
白胡椒粉	1/2小匙
水	200毫升

做法

1. 粉条用冷水浸泡至软，捞起备用。
2. 热锅，将素肉末、香菇末、姜末、青椒末放入锅中炒香，再加入所有调味料炒匀后，加入粉条拌炒匀即可。

煎炒烧烩素食

117 麻辣皮蛋

材料
皮蛋·····················4个
黄甜椒·················25克
碧玉笋·················10克
红椒····················10克
淀粉····················适量
花椒粒·················10克
葵花籽油············1大匙
水淀粉·················少许

调味料
辣椒酱··············1/2大匙
盐·······················少许
细砂糖··············1/4小匙
辣油·················1小匙

做法
1. 黄甜椒洗净切片；碧玉笋、红椒洗净切段，备用。
2. 取一锅加水，将皮蛋放入，煮至水沸腾后捞出，待凉去壳切块，并沾上淀粉，备用。
3. 热油锅至油温约160℃，放入皮蛋块油炸1~2钟，捞出沥油备用。
4. 热锅倒入葵花籽油，以小火炒香花椒粒后，捞除部分花椒粒，放入碧玉笋段、红椒段爆香，再放入黄甜椒片、皮蛋块和所有调味料拌炒至均匀入味，最后倒入水淀粉勾芡即可。

118 辣椒丝炒蛋

材料
青椒·················25克
红椒·················25克
鸡蛋···················3个

调味料
盐·················1/8小匙
酱油·················1大匙

做法
1. 青椒和红椒洗净切开去籽后切丝，加入鸡蛋和所有调味料，一起打匀成蛋液备用。
2. 热锅，加入2大匙油烧热，倒入蛋液，转至中火翻炒至蛋液凝固即可。

素食美味小贴士
辣椒可是家中必备的辛香料，买菜时常会附带着买上两三个，如果没用完就丢掉实在有点浪费，不如用来当主料炒着吃，辣椒与鸡蛋搭配是非常对味的。

119 素香松

材料

半圆豆皮⋯⋯⋯⋯⋯⋯1张
白芝麻⋯⋯⋯⋯⋯⋯ 2大匙
面包粉⋯⋯⋯⋯⋯⋯15克
海苔丝⋯⋯⋯⋯⋯⋯少许
枸杞子⋯⋯⋯⋯⋯⋯10克

调味料

盐⋯⋯⋯⋯⋯⋯⋯⋯1小匙
细砂糖⋯⋯⋯⋯⋯1/2小匙
素高汤粉⋯⋯⋯⋯⋯1大匙

做法

1. 半圆豆皮撕小片；热油锅至油温约150℃，放入半圆豆皮片，以中火油炸至半圆豆皮片呈金黄色后马上捞起，以吸油纸吸干油脂，压碎成碎豆皮酥备用。
2. 油锅加热至油温约150℃，放入面包粉以中火炸至面包粉呈金黄色后，马上捞起，沥干油脂成面包粉酥备用。
3. 热锅，以中火干炒白芝麻至香味四溢，再加入碎豆皮酥以及做法2的面包粉酥，拌炒均匀后熄火，静置冷却后拌入所有调味料、海苔丝以及枸杞子即可。

120 川味茄子煲

材料
茄子·······················150克
榨菜片·····················30克
素肉末·····················10克
姜末·······················10克
红椒片······················5克
小黄瓜片···················10克

调味料
辣椒酱······················1大匙
砂糖·······················1大匙
水·······················200毫升
水淀粉·····················1大匙
香油·······················1小匙
辣椒油·····················1小匙

做法
1. 茄子去皮切长条,放下150℃油温的锅中略炸,捞出沥干油备用。
2. 热锅,将榨菜片、素肉末、姜末、红椒片、小黄瓜片放入锅中炒香,再加入茄子和辣椒酱、砂糖、水拌煮均匀。
3. 倒入水淀粉勾芡,并加入香油和辣椒油拌匀即可。

121 金针菇烩芥菜

材料

芥菜·················500克
金针菇··············40克
素蟹肉丝············15克
姜末···················5克
鲜香菇·················1朵
水·················300毫升
水淀粉··············适量

调味料

素蚝油··············少许
盐·················1/4小匙
细砂糖···········1/4小匙
香菇粉···········1/4小匙
米酒···················1小匙
香油··················少许

做法

1. 芥菜洗净切块，放入沸水中，加入1/2小匙盐（分量外），氽烫至熟后捞出摆盘备用。
2. 金针菇去蒂头洗净切段；鲜香菇洗净切丝备用。
3. 锅烧热，加入2大匙油，放入姜丝爆香，再放入鲜香菇丝、金针菇段拌炒1分钟后加入水煮沸。
4. 放入所有调味料(除香油外)、素蟹肉丝，以水淀粉勾芡，再淋入香油，最后拌入芥菜块即可。

122 芥菜干贝

材料

芥菜·················120克
茭白·················100克
胡萝卜···············40克
姜·····················20克

调味料

盐·····················1小匙
砂糖··················1小匙
水淀粉··············2大匙

做法

1. 芥菜洗净，切菱形片状；胡萝卜洗净切片状；姜洗净切菱形片。将上述材料放入沸水中氽烫至熟，捞起即可。
2. 茭白洗净，刨掉绿皮，切成圆柱状，放入沸水中略氽烫至软即可捞起。
3. 将做法1、做法2中的材料摆入盘中，淋上混合拌匀且加热后的调味料即可。

123 酱烧青椒

材料
青椒·················200克
红椒·················60克
豆豉·················10克
姜末·················10克

调味料
酱油·················1小匙
砂糖·················1小匙
水·················200毫升

做法
1. 青椒、红椒洗净擦干，放入150℃的油锅中炸约10秒，捞起泡入冷水中去膜，再切长条，备用。
2. 取锅，加入豆豉和姜末炒香，放入所有调味料和做法1的材料，煮至汤汁略收即可。

素食美味小贴士
将青椒和红椒的外膜先去除，这样吃的时候口感较佳，也不会有难以吞下肚的粗纤维。

124 双冬扒青菜

材料
上海青·················5棵
冬菇·················5朵
冬笋·················1支

调味料
盐·················1小匙
素高汤粉·················1小匙
细砂糖·················1小匙
香油·················1小匙
素蚝油·················1大匙
水淀粉·················1大匙
水·················3大匙

做法
1. 冬菇去蒂泡软；冬笋洗净切块；上海青洗净氽烫后摆盘备用。
2. 热油锅至油温约160℃，放入冬菇和冬笋块炸约3分钟，捞出沥干油脂备用。
3. 另热一锅，加入冬菇和冬笋块以及所有调味料拌炒均匀，起锅倒入用上海青摆好的盘中即可。

125 红烧当归杏鲍菇

材料
杏鲍菇·············· 300克
胡萝卜·············· 50克
姜····················· 20克
水···················· 100毫升

调味料
素蚝油·············· 1大匙
糖····················· 1小匙

中药材
当归·················· 2片
枸杞子·············· 10克
淮山·················· 15克
桂枝·················· 5克
红枣·················· 5颗

做法
1. 杏鲍菇洗净，切成滚刀块；胡萝卜、姜洗净切片备用。
2. 杏鲍菇放入锅中干煸至出水。
3. 将水煮沸后，把桂枝、红枣、淮山、当归和胡萝卜片、姜片一起放入，加上所有调味料烧20分钟。
4. 起锅前加入杏鲍菇和枸杞子即可。

素食美味小贴士

杏鲍菇很会吸油，所以用干煸的方式加热，可以逼出其所含的多糖体又不会增加热量。

126 什锦菇烩

材料
杏鲍菇片·········· 60克
鸿禧菇片·········· 50克
鲜香菇片·········· 80克
金针菇·············· 40克
草菇·················· 40克
上海青·············· 30克

调味料
A 盐 ················ 1小匙
   砂糖············ 1/2小匙
   水·············· 200毫升
B 水淀粉·········· 1大匙

做法
1. 上海青洗净，对剖成两半备用。
2. 全部的材料放入沸水中略汆烫后，捞起备用。
3. 取锅，加入少许油，将调味料A煮匀后，放入汆烫过的全部材料略炒，再以水淀粉勾薄芡即可。

127 素蟹黄黑珍珠菇

材料
胡萝卜·················1个
姜末·················5克
黑珍珠菇·········100克
水淀粉·············1小匙

调味料
A 素高汤·····200毫升
  盐·············1/4小匙
  白胡椒粉···1/8小匙
B 盐·················少许

做法
1. 胡萝卜用汤匙刮出约100克碎屑备用。
2. 热锅，倒入少许油，将黑珍珠菇下锅，加入调味料B及50毫升素高汤，炒约30秒后取出沥干装盘。
3. 另热锅，倒入5大匙油，将胡萝卜屑入锅以微火慢炒，炒约4分钟至胡萝卜软化成泥状。
4. 加入姜末炒香，再加入150毫升高汤、盐、白胡椒粉，以小火煮约1分钟后，用水淀粉勾薄芡，淋在黑珍珠菇上即可。

128 梅汁苦瓜

材料
白玉苦瓜·············1条
红椒·················1个
姜·················2片
白梅子·············5粒

调味料
酱油·················3大匙
水·················350毫升
盐·················1小匙
素高汤粉·········1小匙
细砂糖·············3大匙

做法
1. 苦瓜洗净去头尾，对半切开（不要去籽为佳），洗净；辣椒切斜片，姜切片，白梅子取果肉备用。
2. 热油锅，当油温烧至约170℃时，放入苦瓜，以中火炸至表皮呈金黄色时，马上起锅沥油。
3. 另起油锅，爆香红椒片、姜片后，加入调味料煮开，放入苦瓜及白梅子果肉，以小火煮约30分钟起锅，捞出苦瓜摆盘，待凉时用口感更佳。

素食美味小贴士
　　作这种凉拌的苦瓜料理，采用白玉苦瓜是佳的选择，因为质地口感较佳，而且制成的梅汁苦瓜宴客小菜或家常的料理，冰的热的都好吃。

129 杏鲍菇烩圆白菜

材料

圆白菜·················· 300克
杏鲍菇·················· 80克
姜片······················ 10克
胡萝卜丝·················· 适量
黑木耳丝·················· 适量
素高汤···················· 适量
水淀粉···················· 少许

调味料

盐······················ 1/2小匙
糖······················ 1/2小匙
香菇粉·················· 1/4小匙
胡椒粉·················· 少许
香油···················· 少许

做法

1. 圆白菜洗净切片；杏鲍菇洗净切片备用。
2. 热锅，加入2大匙油，爆香姜片，放入杏鲍菇、圆白菜炒至微软，再放入胡萝卜丝、黑木耳丝拌炒。
3. 在锅中加入素高汤、所有调味料，炒至入味后，再以水淀粉勾芡即可。

130 油辣鸡片

材料
杏鲍菇·················120克
红椒末·················10克
姜末···················5克
花椒粉·················2克
木耳末·················5克
芹菜末·················10克
面粉···················适量

调味料
酱油···················1小匙
白醋···················1小匙
水····················150毫升
砂糖···················1小匙
盐····················1/2小匙
香油···················1大匙
辣椒油·················1大匙

做法
1. 杏鲍菇切厚片，再沾裹面粉后用沸水汆烫，沥干备用。
2. 热锅，将红椒末、姜末、花椒粉、木耳末、芹菜末放入锅中炒香，再加入所有调味料煮匀后，放入杏鲍菇拌炒匀即可。

131 红烧素鸭

材料

素鸭肉200克、干香菇3朵、竹笋80克、上海青适量、姜10克、水1000毫升、葵花籽油3大匙

调味料

酱油160毫升、冰糖1小匙、香菇粉少许、香油少许

做法

1. 干香菇泡软切片；竹笋、上海青、姜洗净切片；素鸭肉放入热水中浸泡至软后，沥干水分备用。
2. 热锅倒入葵花籽油，爆香姜片后放入香菇片炒出香味。
3. 加入素鸭肉和所有调味料拌炒至均匀，再加入竹笋片，水煮至沸腾，接着转小火炖煮约15分钟。
4. 待做法3素鸭肉即将起锅前，取另一锅，加水煮至滚沸腾，放入上海青片快速氽烫后捞出，放入炖煮素鸭肉的锅中即可。

素食美味小贴士

素鸭肉是豆类加工制品，因为在制作时经过油炸，含油量比较高，所以使用前可先浸泡沥干，一方面去除生豆味，另一方面也可以减少含油量，让人吃得更健康。

132 红烧素丸子

材料

老豆腐2块、荸荠10个、红椒15克、姜15克、鲜香菇梗20克、上海青适量、淀粉2大匙、水淀粉少许、水400毫升

调味料

A 酱油膏1/2大匙、糖少许、白胡椒粉少许、香油1/4小匙

B 素蚝油1/2大匙、酱油1/2大匙、盐1/4小匙、糖少许

做法

1. 先在老豆腐上抹少许盐，再放入电锅中，在外锅加入1/4杯水，按下开关，蒸至开关跳起，待豆腐凉后，将多余水分挤压出使其成泥状。
2. 荸荠去皮、拍扁后切碎；红椒洗净切段；姜切片；鲜香菇梗切碎；上海青洗净沥干，备用。
3. 将豆腐泥、荸荠碎、鲜香菇梗碎、淀粉和调味料A拌匀，捏整成丸子状，再放入油锅中炸至表面成金黄色后捞出，即为素丸子。
4. 热锅，红加入少许橄榄油（材料外），爆香红椒段和姜片，再加入调味料B和水煮沸，放入素丸子使其烧煮入味，再放入上海青略煮，最后以水淀粉勾芡即可。

133 五更肠旺

材料

面肠	80克
豆腐	1/2块
酸菜心	20克
西芹	10克
红椒片	10克
黑木耳	10克
姜片	10克
花椒	3克
水淀粉	1大匙

调味料

辣椒酱	1大匙
酱油	1小匙
水	200毫升
砂糖	1大匙
香油	1小匙
辣椒油	1小匙

做法

1. 面肠切块；豆腐、酸菜心、黑木耳切片；西芹切斜刀片，备用。
2. 热锅，将红椒片、姜片、花椒炒香，再加入辣椒酱、酱油、水、砂糖及做法1中的所有材料拌炒均匀。
3. 锅中加入水淀粉勾芡，并加入香油、辣椒油炒匀即可。

134 五柳素鱼

材料

A 素鱼 ························1尾
  姜片 ·····················10克
  水 ····················200毫升
  水淀粉 ··················少许
B 沙拉笋丝 ··············20克
  胡萝卜丝 ··············20克
  黑木耳丝 ··············15克
  红椒丝 ··················15克
  青椒丝 ··················15克

调味料

番茄酱 ·················2大匙
盐 ·······················少许
细砂糖 ·················1小匙
素乌醋 ·················1小匙

做法

1. 素鱼放入盘中，入蒸锅中蒸10分钟。
2. 锅烧热，加入2大匙油，加入姜片爆香至微焦取出。
3. 放入材料B所有切丝材料拌炒，加入水和所有调味料煮至沸腾。
4. 以水淀粉勾芡，最后淋在素鱼上即可。

135 水煮素鱼片

材料
魔芋	150克
西芹	20克
胡萝卜	10克
豆芽	60克
姜片	20克
干辣椒	10克
花椒	3克
水淀粉	1大匙

调味料
辣豆瓣酱	2大匙
酱油	1大匙
砂糖	1大匙
水	200毫升
香油	1小匙
辣椒油	1小匙

做法
1. 魔芋、西芹、胡萝卜均洗净切片，备用。
2. 豆芽用水氽烫，沥干备用。
3. 热锅，将姜片、干辣椒、花椒放入锅中炒香，再加入所有调味料与做法1、做法2的材料炒匀，以水淀粉勾芡即可。

136 红烧鱼块

材料
鲍鱼菇…………………100克
竹笋片………………30克
香菇片………………20克
红椒片………………10克
姜片…………………10克
小黄瓜片………………40克

调味料
酱油…………………2大匙
砂糖…………………1大匙
水……………………200毫升
香油…………………1大匙

面糊材料
中筋面粉………………40克
水……………………30毫升

做法
1. 鲍鱼菇洗净切厚片，沾上混合拌匀的面糊，放入140℃油温的锅中炸至外观呈金黄色，捞起沥油备用。
2. 取锅烧热，加入少许油，放入其余材料和调味料炒香后，加入做法1的所有材料，焖煮至汤汁略收即可。

137 干烧素鱼

材料
腐皮1张、豆包180克、海苔1张、鲜香菇1朵、胡萝卜15克、竹笋20克、芹菜5克、香菜5克、姜5克、面糊适量

调味料
酱油1小匙、辣椒酱1/2大匙、番茄酱1/2小匙、白胡椒粉少许、香油少许

腌料
盐少许、胡椒粉少许、香油少许

做法
1. 香菇、胡萝卜、竹笋洗净切丝；香菜洗净切段；芹菜、姜洗净切末；豆包洗净切细丝，加入所有腌料拌匀，备用。
2. 将1张腐皮铺平，抹上适量面糊、铺上海苔，再放上豆包丝，包裹修整成鱼的形状，放入蒸笼以大火蒸约15分钟。
3. 另取一锅，倒入少许葵花籽油（材料外），爆香姜末，再放入香菇丝炒香。
4. 锅中放入胡萝卜丝、竹笋丝拌炒均匀，再加入所有调味料煮至沸腾。
5. 起锅前放入芹菜末、香菜段拌匀后，淋在蒸好的素鱼上即可。

138 年年有余

材料
素三文鱼排·········6块
干香菇··············2朵
黑木耳丝·········1大匙
金针菇罐头·······1大匙
大白菜··············1片
冬笋···············1/4根
姜丝···············少许
红椒···············1/2个
香菜末·············少许
素高汤·············1杯

调味料
A 白醋·············1小匙
　糖···············1小匙
　盐···············1小匙
　酱油·············1小匙
　香油·············1大匙
　胡椒粉···········少许
B 淀粉·············1小匙
　水···············1大匙

做法
1. 香菇泡水至软，再切丝；大白菜、冬笋洗净，切丝；将调味料B调成水淀粉备用。
2. 取一平底锅，放油加热，将素三文鱼排下锅煎至两面微焦黄时，起锅摆盘。
3. 热油锅，爆香姜丝，放入香菇丝炒香，再放入素高汤及其余材料(除素三文鱼排、香菜末外)煮至沸腾时，加入调味料A拌匀，再用水淀粉勾芡，盛出淋在做法2摆好的盘上，最后撒上香菜末即可。

139 干烧豆包

材料
豆包·····················2块
姜末·····················10克
四季豆末············20克
胡萝卜末············10克
红椒末·················5克
香菇末·················5克

调味料
辣椒酱·············1大匙
砂糖·················1小匙
水···············150毫升
香油·············1大匙

做法
1. 豆包用140℃油温炸至金黄后，取出沥干油，切块备用。
2. 热锅，将姜末、四季豆末、胡萝卜末、红椒末、香菇末放入锅中炒香。
3. 再加入豆包块及所有调味料干，烧至汤汁略收干即可。

140 蟹黄豆腐

材料
豆腐·················300克
胡萝卜··············50克
姜末·················20克
口蘑片··············30克
芹菜片··············10克

调味料
A 盐·················1大匙
  砂糖·············1小匙
  水···········400毫升
  胡椒粉·······1/2小匙
B 水淀粉········1大匙
  香油·············1大匙

做法
1. 豆腐切小丁，放入沸水中略汆烫以去除生豆味，捞起沥干。
2. 胡萝卜洗净去皮，用铁汤匙刮成泥状备用。
3. 取锅，加入少许油烧热，放入姜末和口蘑片炒香后，加入胡萝卜泥和调味料A拌炒均匀，再加入豆腐丁和调味料B略拌炒盛盘，最后撒上少许芹菜末即可。

141 豆酱烧豆腐

材料

豆腐·················350克
碧玉笋···············10克
红椒··················10克
姜····················10克
葵花籽油···········1大匙

调味料

黄豆酱···············50克
细砂糖···········1/2小匙
高鲜味精·············少许
水·····················2大匙

做法

1. 碧玉笋、红椒、姜洗净切丝；豆腐切成长条状，沥干水分，备用。
2. 热油锅至油温约160℃，放入豆腐条油炸至外表呈金黄色，捞出沥油备用。
3. 另热一锅倒入葵花籽油，爆香红椒丝、姜丝，放入黄豆酱炒香。
4. 放入碧玉笋丝、豆腐条以及其余调味料，拌炒均匀至入味即可。

142 香椿酱烧百叶

材料

百叶豆腐···········250克
姜····················10克
红椒···················5克
香椿酱··············1大匙
（做法见P202）
水················100毫升

调味料

酱油膏··············1大匙
盐······················少许
糖······················少许

做法

1. 先将百叶豆腐洗净切块；姜和红椒切末，备用。
2. 热锅，先加入2大匙香油（材料外），放入百叶豆腐块，煎至微焦后盛起备用。
3. 热锅，加入姜末和红椒末炒香，再加入香椿酱、百叶豆腐、所有调味料和水，烧煮入味即可。

143 姜汁豆腐烧

煎炒烧烩素食

材料
豆腐1块、低筋面粉适量、色拉油适量、姜末1大匙、豆苗适量

酱汁
酱油1又1/2大匙、砂糖1大匙、米酒1大匙、姜末适量

做法
1. 将所有酱汁的材料（姜末除外）混合后，再放入姜末；豆苗氽烫至熟备用。
2. 将豆腐切成四长等份，然后沾裹一层低筋面粉。
3. 平底锅中倒入适量油以中火烧热，将豆腐两面煎至稍微上色，再将做法1调好的酱汁淋入，煮至略收汁即可盛盘，摆入豆苗、材料中的姜末装饰即可。

144 烩什锦

材料
素虾仁100克、玉米笋50克、鸿禧菇40克、秀珍菇40克、甜豆荚60克、胡萝卜片30克、黑木耳片30克、银耳5克、姜片10克、水淀粉少许、水450毫升

调味料
A 盐1/2小匙、细砂糖1/4小匙、香菇粉少许、素蚝油1小匙
B 素乌醋少许、香油少许

做法
1. 银耳泡软，洗净去蒂，撕小朵备用。
2. 黑木耳、玉米笋洗净切片；甜豆荚去头尾洗净；鸿禧菇去蒂头，与秀珍菇一起洗净备用。
3. 将胡萝卜片、黑木耳片、银耳片、甜豆荚放入沸水中汆烫捞起备用。
4. 锅烧热，加入2大匙油，放入姜片爆香，放入鸿禧菇、秀珍菇拌炒一下，再加入水和剩余所有材料煮至沸腾。
5. 放入调味料A煮匀，以水淀粉勾芡，最后再放入素乌醋和香油即可。

145 素烩全家福

材料
素火腿丁……1/3杯
玉米粒……1/3杯
青豆仁……1/3杯
紫山药丁……1/3杯
胡萝卜丁……1/3杯
豆干丁……1/3杯
香菇丁……1/3杯
魔芋丁……1/3杯
芹菜末……1大匙

调味料
A 素高汤……2杯
　盐……1/2小匙
　味醂……少许
B 玉米粉……1小匙
　水……1大匙

做法
1. 所有材料(芹菜末除外)以加了少许盐(分量外)的沸水汆烫后捞起，沥干水分；调味料B调成玉米粉水备用。
2. 热油锅，倒入高汤煮至沸腾后，放入做法1的所有材料以中火继续煮至再度沸腾时，加入盐、味醂及芹菜末略拌一下，再以混合拌匀的调味料B勾薄芡即可。

146 老烧蛋 蛋奶素

材料

鸡蛋·················3个
香菇片···············20克
竹笋片···············20克
胡萝卜片·············10克
小黄瓜片·············10克
红椒片···············10克
姜片·················10克

调味料

A 素蚝油·········1大匙
　 酱油···········1大匙
　 水···········200毫升
　 砂糖···········1小匙
B 水淀粉··········1小匙
　 香油···········1小匙

做法

1. 鸡蛋打散下锅煎成形后，取出备用。
2. 热锅，将香菇片、竹笋片、胡萝卜片、小黄瓜片、红椒片、姜片放入锅中炒香，再加入煎好的蛋与调味料A煮至汤汁略干。
3. 加水淀粉勾芡并淋上香油即可。

素食美味小贴士

选择有把手的平底锅来煎蛋，可以随时将锅面端离火源，以方便控制温度。此外，煎蛋时以小火为准。

147 湖南蛋 蛋奶素

材料

水煮蛋················3个
豆豉末················5克
红椒末···············10克
香菜末················5克
姜末··················5克

调味料

酱油···············1大匙
砂糖···············1小匙
香油···············1大匙

做法

1. 水煮蛋剥壳后，切厚片，煎至略金黄色后，盛于盘中。
2. 热锅，将豆豉末、红椒末、香菜末、姜末放入锅中炒香，再加入酱油、砂糖、香油拌炒匀后，淋在蛋片上。

烤炸凉拌
素食料理 篇

素食料理方式的千变万化远超乎我们的想象，
不但可以油炸，还可以烧烤、凉拌等。
油炸的素食通常会包裹面衣、面糊或是豆制品，
而烧烤的方式除了直接涂酱汁外，
还能让我们享用焗烤好味道。
凉拌就更不用说了，各式蔬果就是最美味的食材了。

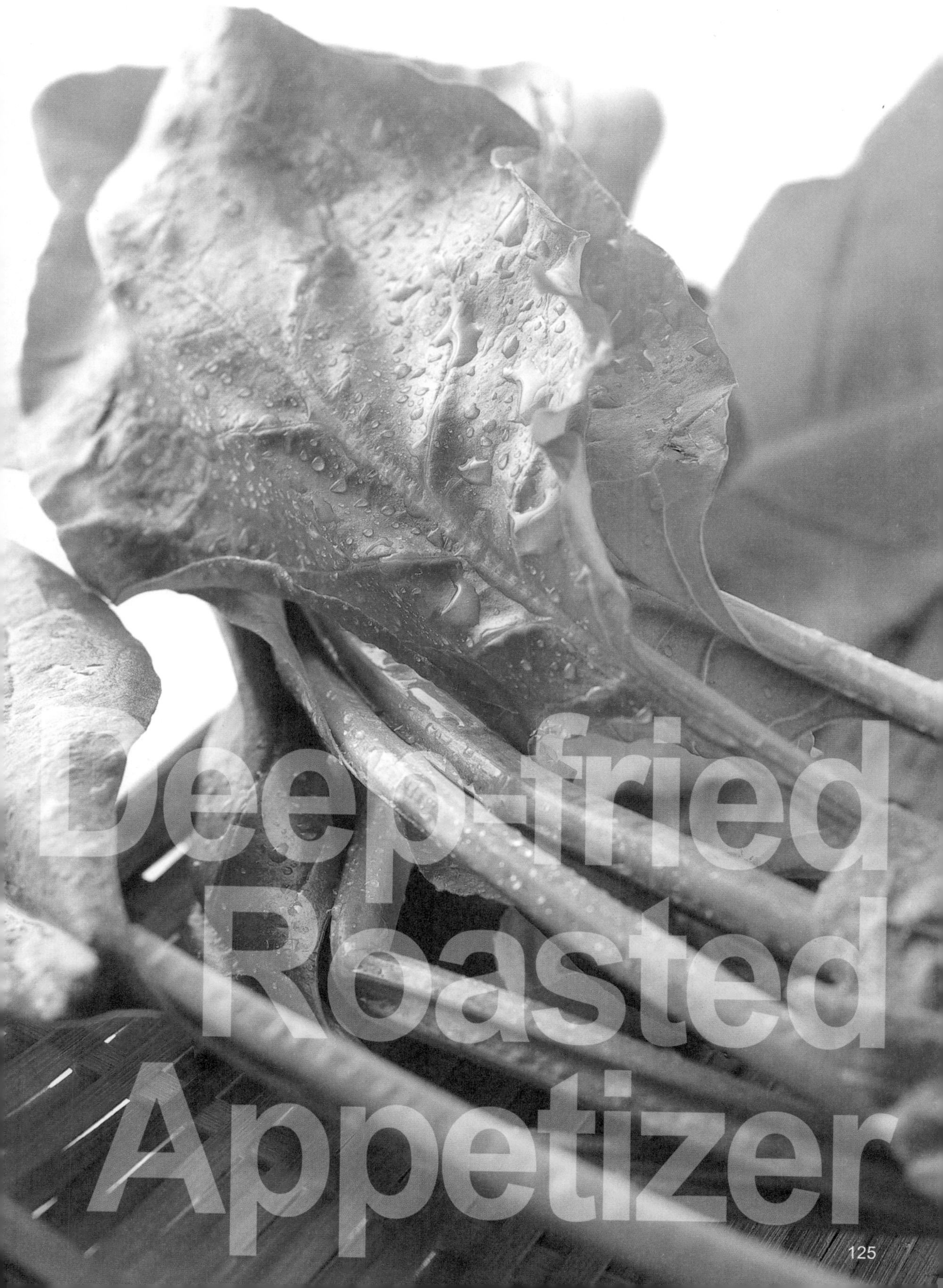

Deep-fried
Roasted
Appetizer

一眼看穿油温

温度	油温测试状态	适炸的食材或状况
低油温 80~100℃	只有细小油泡产生；粉浆滴进油锅底部后，必须稍等一下才会浮起来。	1. 表面沾裹蛋清所制成的蛋泡糊之食材。 2. 需要回锅再炸的食物。 （可避免食材水分干掉）
中油温 120~150℃	油泡会往上升起；粉浆滴进油锅，一降到了油锅底部后，马上就会浮起来。	1. 一般的油炸品都适合。 2. 外皮沾裹易焦的面包粉时。 3. 采用吉利炸方式时。 4. 食材沾裹调味过的粉浆时。 5. 欲炸食材量少时。
高油温 约160℃以上	周围产生许多油泡；粉浆滴进油锅后，尚未到油锅底部就会浮起来。	1. 采用干粉炸的方式时。 2. 采用粉浆炸的方式时。 3. 欲炸食材分量大或数量多时。

基本油炸用具

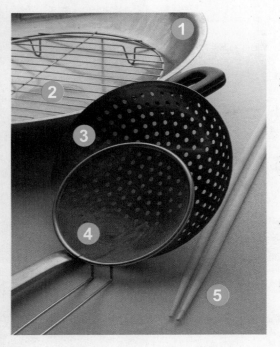

1. **中华锅：**这是一般家庭较常用的锅子，市面上有许多材质可选择，例如不锈钢锅、奈米锅、陶瓷锅等。注意每次油炸后锅子一定要清洗干净并擦干。

2. **沥油架：**炸物捞起后，可置于沥油架上，使其继续滴除多余油。使用时，只要在沥油架下方摆放一个承接滴油的容器即可。另外，亦可选择一种直接挂于油锅边缘的沥油架让操作更为方便。

3. **油炸大漏勺：**炸物美丽的金黄色外表需要捞勺来好好呵护。炸物炸好后，用漏勺快速捞起、稍微沥干油分后，即可改置沥油架上。

4. **油炸小滤网：**油只要炸过一回，就需过滤后才能再次使用。一来保持油的清洁，二来油和食物也比较不易变黑。使用方法是将小滤网放在油锅内，轻轻由下往上做捞除的动作即可。

5. **长木筷：**可让您远离热油和热气，避免烫伤。使用后一定要洗净并擦干，并放在通风处风干，如有条件亦可用烘碗机烘干杀菌，以避免其因潮湿发霉而减短寿命。使用长木筷可轻松使炸物快速翻面，并能安全地夹取炸物。

烧烤必懂 加分小技巧

烤箱预热

烘烤菜肴前，必须先将烤箱预热，达到所需的温度。如果不经预热，食物放进烤箱后不能马上受热、水分流失，一经烘烤就容易变得又硬又干；反之，预热后的烤箱，能使食物迅速均匀受热，水分能够锁在食物内部，烤后就能保持较佳的口感。通常，预热温度与时间成正比，也就是需要的温度愈高，预热时间就要愈久，但也没有定论，因烤箱不同而略有不同。一般预热到200℃需10～15分钟。使用时要注意，如果烤箱预热空烤时间过长，可能会缩短烤箱的使用寿命。

检视菜肴是否烤熟

在烘烤食物的过程中，最好不要常常打开烤箱门，观察食物的变化。因为箱门打开后会流失热能，不仅回温需要时间，对食物的口感也会有影响。但有时的确需要开门，观察食物是否烤熟，或者要刷上酱汁。此时，就应该在取出食物后，马上将门关上，不要让门一直

保持打开的状态。检查食物是否烤熟，可用筷子轻戳，如果能简单戳入表示已经烤熟。另外要注意的是，小型的烤箱较容易将食物烤得过焦，此时可以在食物上盖一层铝箔纸，或稍微打开烤箱门散一下热；中型的烤箱因为容积足够，又具有控温功能，所以除非温度真的太高，或食物离上火太近或烤的时间太久，否则一般不会出现烤焦的情况。

善用铝箔纸

清洁烤箱虽然有些麻烦，但也有些能简化作业的小技巧。使用前，将铝箔纸铺在烤箱内部，烘烤食物时喷洒的油脂便会粘附在铝箔纸上，到时直接取下即可减少大半清理工作。此外，烘烤食物时滴下的油垢若附着于电热管表面，会产生油烟并使电热管表面变成黑色，再加上电热管位于最容易被油脂弄脏的烤箱底部。所以使用烤架时，最好在下方再放个滴油盘，既可以保持清洁，又能避免油脂滴落到热管，引起烤箱起火。

注意烤架烤盘位置

一般使用小烤箱烤食物，只要把食物放进去，打开开关就可以了。但中型的烤箱通常会有有上、中、下三层高度的烤架位置可以选择，只要食谱上没有特别注明上下火温度，大部分食物都放在中层即可，较厚的食物则放在下层。如果把食物的位置排放得太高，可能会因为太靠近电热管而烧焦。如果上火温度高、下火温度低，而烤箱的上下火又不能单独调温时，通常是将上下火温度相加除以2，然后再把烤盘置于上层。但此时就要留意观察，食物表面是否烤得过焦。

148 香酥蔬菜拼

材料

红甜椒丝	10克
杏鲍菇丝	10克
西芹菜丝	10克
四季豆丝	20克
罗勒	5克
茄子皮丝	10克
姜丝	5克

面糊材料

低筋面粉	100克
水	60克
泡打粉	1/2小匙

腌料

盐	1/2小匙
白胡椒	1/2小匙

做法

1. 将所有材料和所有腌料拌匀。
2. 分次取适量做法1的材料沾裹面糊，压成饼状后，放入油锅中，用150℃油温炸至金黄即可。

149 炸什锦天妇罗

材料

素明虾3尾、地瓜100克、青椒1个、红甜椒1/3个、四季豆5根、罗勒末1大匙

炸粉

酥炸粉1杯、冰水少许、鸡蛋1个、盐少许、白胡椒少许

蘸酱

萝卜泥2大匙、酱油1大匙、味醂1大匙、砂糖少许、白醋少许

做法

1. 地瓜去皮洗净切片；四季豆洗净，去蒂头及两侧粗筋；青椒洗净切片，备用。
2. 将所有炸粉材料混和搅拌均匀至黏稠，备用。
3. 将做法1的材料与素虾仁沾裹上做法2调好的粉浆，再放入油温180℃的油锅中炸至定型，取出沥油。
4. 将蘸酱的材料搅拌均匀备用。
5. 将炸好的材料盛盘，撒上罗勒末装饰，搭配蘸酱食用即可。

150 香根金针菇

材料
香菜梗⋯⋯⋯⋯⋯10克
金针菇⋯⋯⋯⋯⋯100克
胡萝卜丝⋯⋯⋯⋯10克

腌料
盐⋯⋯⋯⋯⋯1/2小匙
白胡椒⋯⋯⋯⋯1/2小匙

面糊材料
低筋面粉⋯⋯⋯⋯100克
水⋯⋯⋯⋯⋯⋯60克
泡打粉⋯⋯⋯⋯1/2小匙

做法
1. 将所有材料和腌料拌匀。
2. 分次取适量做法1的材料沾裹面糊，压成饼状后，放入油锅中，用150℃油温炸至金黄即可。

素食美味小贴士
金针菇买回来后，要切除黑黑的根部，再用大量的水清洗，以冲掉尘土等污垢。

151 酥脆香茄皮

材料
茄子⋯⋯⋯⋯⋯1个
姜末⋯⋯⋯⋯⋯5克
红椒末⋯⋯⋯⋯10克

调味料
盐⋯⋯⋯⋯⋯1/2小匙
白胡椒⋯⋯⋯⋯少许

面糊材料
低筋面粉⋯⋯⋯100克
水⋯⋯⋯⋯⋯60克
泡打粉⋯⋯⋯1/2小匙

做法
1. 茄子洗净去皮后，用茄子皮沾裹面糊，以140℃油温炸至酥，取出沥干油备用。
2. 热锅，将姜末、红椒末放入锅中炒香，再加入炸过的茄子皮和所有调味料拌匀即可。

152 酥炸藕片

材料

莲藕··············120克
姜末···············5克
红椒末···············5克
罗勒末···············5克

调味料

胡椒盐··············适量

面糊材料

低筋面粉··········100克
水··················60克
泡打粉··········1/2小匙

做法

1. 莲藕洗净切薄片泡冷水后沥干，沾裹混合好的面糊后，放入油锅中，用140℃油温炸酥备用。
2. 热锅，将姜末、红椒末、罗勒末放入锅中炒香，再加入炸过的莲藕片拌匀即可。

素食美味小贴士

莲藕清脆又爽口，一入口除了尝到其鲜脆的口感外，更能让汤头充满香味，所以也是火锅食材中不错的选择之一。

153 酥炸上菇

材料

鸿禧菇··············1包
玉米笋··············3根

炸粉

低筋面粉··········1杯
泡达粉··········1小匙
白胡椒··········少许
水··············135毫升
盐··············少许

调味料

姜末··············1大匙
香菜末··········1大匙
盐··············少许
花椒粉··········1小匙
黑胡椒··········少许

做法

1. 鸿禧菇去蒂头，洗净后剥散；玉米笋去蒂头，洗净备用。
2. 所有调味料混和搅拌均匀，再将鸿禧菇与玉米笋放入其中沾裹备用。
3. 将炸粉所有材料混和搅拌至黏稠，加入做法2的材料沾裹均匀。
4. 将做法3的材料放入油温180℃的油锅中，炸至酥香即可。

154 炸香菇丸 蛋奶素

材料

鲜香菇······5朵
荸荠······2颗
芹菜······2棵
胡萝卜······30克
素肉丝······30克

炸粉

酥炸粉······5大匙
鸡蛋······1个
水······4大匙

调味料

盐······少许
香油······1小匙
白胡椒······少许
酱油膏······1小匙

素食美味小贴士
如果担心香菇镶入馅料时易掉落，可先在香菇上沾一点干淀粉，这样就可以增加馅料的黏性。

做法

1. 鲜香菇去蒂洗净擦干备用。
2. 荸荠、胡萝卜去皮切碎；芹菜洗净切碎；素肉丝泡软切碎；备用。
3. 取一容器，将做法2的材料与所有调味料混和搅拌均匀，再镶入处理好的香菇的蕈摺里备用。
4. 将炸粉的所有材料制成有稠度的粉浆，再将做法3中做好的香菇丸裹上粉浆。
5. 将裹好粉浆的香菇丸放入油温180℃的油锅中，炸成金黄色即可。

155 炸吉利薯球 蛋奶素

材料

芋头……………………150克
土豆……………………200克
白吐司…………………3片
荸荠……………………3颗
香菜根…………………3根
芹菜梗…………………2根

调味料

盐………………………少许
黑胡椒…………………少许

做法

1. 芋头与土豆去皮，放入蒸笼中蒸熟，再捣成泥状备用。
2. 荸荠去皮，与香菜根、芹菜梗一起都洗净切碎备用。
3. 白吐司去边，切成小丁备用。
4. 将做法1、做法2的所有材料与所有调味料混合搅拌均匀，揉成球状，沾裹上白吐司丁备用。
5. 将做法4做好的薯球放入油温170℃的油锅中，炸成金黄色即可。

注：吐司含有鸡蛋与奶油。

156 炸山药素肉丸

材料

山药·····················200克
荸荠······················3颗
芹菜梗·····················2根
香菜·······················2棵
素肉罐头···················1罐
小黄瓜片···················少许

调味料

盐·······················少许
香油·····················1小匙
面粉·····················2大匙
淀粉·····················3大匙
白胡椒·····················少许

做法

1. 山药去皮，切碎备用。
2. 荸荠去皮切碎；芹菜梗、香菜都洗净切碎，备用。
3. 将素肉罐头去除油质与水分，拧干备用。
4. 将做法1、做法2、做法3与所有调味料混和搅拌均匀，揉成丸子备用。
5. 将丸子放入油温180℃的油锅中，炸成金黄色。
6. 将丸子取出沥油后放入盘中，以小黄瓜片装饰即可。

157 炸面托丝瓜 蛋奶素

材料
丝瓜⋯⋯⋯⋯⋯1条
鲜香菇⋯⋯⋯⋯⋯3朵
玉米笋⋯⋯⋯⋯⋯3根
西红柿⋯⋯⋯⋯⋯1个

炸粉
淀粉⋯⋯⋯⋯⋯1大匙
色拉油⋯⋯⋯⋯⋯1小匙
泡达粉⋯⋯⋯⋯⋯少许
白胡椒⋯⋯⋯⋯⋯少许
面粉⋯⋯⋯⋯⋯3/4杯
水⋯⋯⋯⋯⋯1/2杯
盐⋯⋯⋯⋯⋯少许

蘸酱
美奶滋⋯⋯⋯⋯⋯2大匙
茴香碎⋯⋯⋯⋯⋯1小匙
盐⋯⋯⋯⋯⋯少许
胡椒粉⋯⋯⋯⋯⋯少许

做法
1. 丝瓜去皮切成小条,拭干水分备用。
2. 鲜香菇洗净切小片;玉米笋洗净对切;西红柿洗净横切薄片,备用。
3. 将炸粉的材料全部放入容器中,再使用打蛋器搅拌至黏稠备用。
4. 将丝瓜、玉米笋、香菇全部均匀地沾裹上做法3调好的粉浆。
5. 将沾裹好粉浆的材料放入油温180℃的油锅中,炸至定型且上色,再将炸好的材料及西红柿片交叠盛盘,搭配蘸酱食用即可。

158 脆皮丝瓜

材料
丝瓜·············600克

面糊材料
中筋面粉·········7大匙
淀粉·············1大匙
色拉油···········1大匙
泡打粉···········1小匙
水·············85毫升

做法
1. 丝瓜去皮，去籽切长条状，沾适量淀粉（分量外）备用。
2. 面糊材料混合拌匀备用。
3. 将丝瓜沾上面糊，放入140℃的油锅中，炸至外观呈金黄色后，捞起沥油即可。

159 炸牛蒡天妇罗

材料
牛蒡·············100克
胡萝卜············20克
芹菜·············20克

面糊材料
中筋面粉·········7大匙
淀粉·············1大匙
色拉油···········1大匙
水·············80毫升

做法
1. 牛蒡去皮，先以同心圆状画上数刀，再切丝备用。
2. 胡萝卜和芹菜均洗净切丝备用。
3. 面糊材料混合拌匀，加入做法1、做法2的材料拌匀，取出放入140℃的油锅中，以中火慢炸2分钟，再开大火逼油即可捞起沥油盛盘。

160 椒麻脆皮鸡

材料

豆包	1块
花椒粉	10克
红椒末	5克
香菜末	3克
姜末	5克
罗勒	适量

面糊材料

低筋面粉	80克
水	40毫升

调味料

酱油	1小匙
辣油	1小匙
香油	1小匙
白胡椒	1/2小匙

做法

1. 豆包沾裹混合好的面糊用140℃油温炸至金黄后沥干油,切块;罗勒油炸至酥后盛盘,备用。
2. 热锅,将花椒粉、红椒末、姜末、香菜末放入锅中炒香,再加入炸过的豆包块及所有调味料拌匀,放入盛有罗勒的盘中即可。

161 五香炸鸡腿

材料
生腐皮 ················· 250克
甘蔗 ················· 1节
鲜香菇 ················· 3朵

炸粉
面粉 ················· 5大匙
盐 ················· 少许
白胡椒 ················· 少许
香油 ················· 1小匙

腌料
五香粉 ················· 1小匙
素蚝油 ················· 1小匙
姜末 ················· 1小匙
砂糖 ················· 1小匙
素沙茶酱 ················· 1小匙
罗勒碎 ················· 1大匙

做法
1. 生腐皮切成长条，加入所有腌料腌渍约10钟备用。
2. 甘蔗去皮再纵切成约10厘米长，食指般粗长条备用。
3. 鲜香菇去蒂，切片备用。
4. 在腐皮上铺上香菇片，放上甘蔗条，再将腐卷起留约一半甘蔗在外，成棒棒腿形状。
5. 将炸粉材料混合后，将腐皮卷沾裹上炸粉，放入油温180℃的油锅中，炸成金黄色即可

162 炸素鸡卷

材料

腐皮.....................2张
素肉丝...................10克
胡萝卜丝.................50克
豆薯丝...................130克
芋头丝...................150克
芹菜末...................30克
地瓜粉...................少许
面糊.....................少许

调味料

盐.......................1/2小匙
细砂糖...................1/4小匙
米酒.....................1小匙
白胡椒粉.................1/4小匙

做法

1. 素肉丝泡软，放入沸水中汆烫一下，捞出挤干水分后，放入容器中。

2. 在容器中放入胡萝卜丝、豆薯丝、芋头丝，再加入所有调味料、芹菜末和地瓜粉拌匀制成馅料。

3. 将2张腐皮剪成4张，取一张腐皮，取适量馅料卷起，在封口涂上面糊卷好，制成素鸡卷。

4. 油锅烧热，放入素鸡卷，以小火炸6分钟至金黄，捞出沥油即可。

163 椒盐里脊

材料
杏鲍菇·····················80克
姜末·······················5克
红椒末·····················5克
罗勒末·····················10克

面糊材料
低筋面粉···················80克
水·························40毫升

调味料
盐·······················1/2小匙
白胡椒····················少许

做法
1. 杏鲍菇洗净切厚条，沾裹混合好的面糊后，用150℃油温炸至金黄，取出沥干油备用。
2. 热锅，将姜末、红椒末、罗勒末放入锅中炒香。
3. 再加入炸过的杏鲍菇及所有调味料，拌匀即可。

164 炸素肠

材料
腐皮	2张
面肠	400克
姜泥	10克
腐皮	2张
地瓜粉	30克
面糊	适量
黄瓜	1条

调味料
红曲酱	30克
盐	少许
细砂糖	1/4小匙
米酒	1/2大匙

做法
1. 2张腐皮剪成6小张，黄瓜洗净切片，备用。
2. 面肠洗净沥干撕小片，再加入所有调味料和地瓜粉拌匀。
3. 取1小张腐皮，取适量做法2的材料卷上，封口抹上面糊制成素肠，重复此步骤直到材料用尽。
4. 油锅烧热，放入素肠，以小火炸至金黄，素肠浮起，再转大火炸至上色捞出沥油。
5. 待炸好的素卷微凉时将其切片，上桌时与小黄瓜片交错摆盘即可。

165 脆皮素肥肠

材料
面肠	150克
淀粉	适量

调味料
白胡椒粉	适量

卤汁
水	300毫升
酱油	2大匙
砂糖	1大匙
八角	1粒

做法
1. 热锅，将卤汁的材料一起放入锅中煮至沸腾，即为卤汁。
2. 将面肠放于卤汁中，卤约10分钟捞起后，沾裹淀粉。
3. 热一锅油，将面肠放入140℃油温的锅中，炸至金黄色后，捞出沥干油，再切段。
4. 蘸白胡椒粉食用即可。

141

166 黑胡椒肉排

材料
芋头…………150克
青椒丁…………20克
黄甜椒丁…………20克
红甜椒丁…………20克

调味料
黑胡椒粒…………1大匙
素蚝油…………1大匙
植物性奶油…………1大匙
砂糖…………1小匙
水…………100毫升

面糊
中筋面粉…………40克
水…………30毫升

做法
1. 芋头洗净切厚片，放入电锅中蒸软（外锅加3杯水），压成泥后，沾上混合拌匀的面糊，放入油温为140℃的油锅中，炸至外观呈金黄色，制成肉排，捞起沥油盛盘备用。
2. 另取锅，加入少许油烧热，放入其余的材料和调味料，拌炒均匀后淋入肉排上即可。

167 炸咸酥鸡

材料
杏鲍菇…………150克
罗勒…………20克

腌料
盐…………1小匙
胡椒粉…………1/2小匙
砂糖…………/2小匙
五香粉…………1/2小匙
香油…………1小匙
地瓜粉…………3大匙
水…………50毫升
中筋面粉…………1大匙

做法
1. 杏鲍菇洗净切块，加入混合拌匀的腌料中略浸泡一下，制成咸酥鸡块备用。
2. 起油锅烧热，放入咸酥鸡块炸至外观呈金黄色，放入罗勒略炸，捞起沥油，食用前再撒上胡椒盐、辣椒粉（分量外）即可。

素食美味小贴士
　　杏鲍菇浸泡在腌料中的时间不用过久，因为杏鲍菇容易吸汤汁，泡得过久味道会太咸，所以只需略浸泡一下，让表面附着上汤汁味道即可。

142

168 炸脆皮凤尾虾 蛋奶素

材料

素瓜仔肉·····················1罐
香菜·························2棵
荸荠·························3颗
水饺皮······················14张
胡萝卜······················30克

炸粉

面粉························3大匙
鸡蛋·························1个
面包粉······················50克

调味料

酱油膏······················1小匙
香油·························1小匙
白胡椒粉····················少许

做法

1. 将素瓜仔肉去水、去油，再拧干水分；香菜、荸荠都洗净切碎；胡萝卜洗净切片，一侧切锯齿状，备用。
2. 将做法1的材料与所有调味料混和搅拌均匀，制成馅料备用。
3. 取水饺皮包入搅拌好的1大匙馅料，一端开口塞入胡萝卜片，锯齿状在外，包成虾身状备用。
4. 将做好的水饺依序沾上面粉、蛋液、面包粉。
5. 将水饺放入油温170℃的油锅中，炸成金黄色即可。

素牡蛎酥

材料
草菇.....................100克
罗勒.....................30克

炸粉
低筋面粉.................20克
地瓜粉...................60克
水.......................适量

调味料
胡椒盐...................适量

做法
1. 草菇对半切开，用沸水汆烫后沥干备用。
2. 将草菇沾裹混合好的粉浆后，放入140℃油温的锅中炸至金黄，捞起盛于盘中。
3. 罗勒下油锅略炸捞起，放于盘中。
4. 蘸胡椒盐食用即可。

素食美味小贴士
除了用草菇作牡蛎之外，还可以用豆腐泥加上海苔丝、姜末，混合地瓜粉后，取如牡蛎大小的豆腐泥下油锅炸；如此就制成另外一种风味的素牡蛎酥。

170 炸香菇素螺肉

材料
口蘑····················15朵
圣女果··············15颗
罗勒····················2棵

炸粉
淀粉····················3大匙
面粉····················1大匙

调味料
海山酱··············3大匙
黑胡椒··············少许
香油····················1小匙
盐························少许

做法
1. 口蘑放入沸水中煮软，再泡冷水至冷却备用。
2. 口蘑对切，内侧切花刀，以牙签定型备用。
3. 圣女果切小片，再插在做法2的牙签中备用。
4. 将淀粉、面粉混和搅拌均匀，将口蘑串沾裹上炸粉，再放入油温180℃的油锅中，炸至酥脆取出沥油。
5. 罗勒切碎，与所有调味料搅拌均匀，淋在口蘑串上即可。

171 百花素鲍鱼

材料
鲜香菇··················6朵
口蘑······················6朵
素鱼浆················150克
姜末······················5克
红椒末··················5克
罗勒末··················5克
香菜末··················5克
脆酥粉··················15克

调味料
香菇素蚝油········2大匙
细砂糖··················1小匙
香油······················1小匙

做法
1. 鲜香菇和口蘑洗净去蒂头，沥干水分备用。
2. 依序取口蘑沾上少许淀粉（分量外）并镶入香菇伞内，周围填上适量素鱼浆粘合，表面再裹上脆酥粉即为素鲍鱼。
3. 热油锅，加少许油烧热，以中火爆香姜末和红椒末，加入所有调味料拌炒均匀，再以少许水淀粉（分量外）勾芡成淋酱备用。
4. 热油锅至油温约170℃，放入素鲍鱼，炸约3分钟至素鲍鱼浮起即可起锅，沥干盛盘，淋上淋酱，再撒上少许罗勒末和香菜末即可。

172 炸长相思

材料

老豆腐·····················2块
面线·····················250克
素肉·····················100克
姜·······················10克
香菜·····················1棵

调味料

盐·······················少许
砂糖·····················少许
香油·····················1小匙
白胡椒····················少许
淀粉·····················2大匙

做法

1. 将老豆腐用纱布拧干水分，挤压成豆腐泥备用。
2. 素肉、姜与香菜均洗净切碎备用。
3. 做法1、做法2的材料与所有调味料混和，搅拌均匀备用。
4. 将搅拌好的豆腐泥塑型成长条状，外面再包裹上面线。
5. 放入油温170℃的油锅中，炸成金黄色即可。

173 炸粉条春卷

材料

春卷皮·················6张
粉条·······················1把
芹菜·······················2棵
香菜·······················2棵
豆干·······················2片
胡萝卜·················30克

调味料

盐···························少许
米酒·····················1小匙
香油·····················1小匙
黄豆酱·················1大匙
白胡椒·················少许

做法

1. 粉条泡热水至软,沥干水分剪成小段备用。
2. 芹菜与香菜都洗净切碎;胡萝卜与豆干洗净切丁,备用。
3. 热锅,倒入1大匙油,再加入做法2的材料,以中火爆香,再加入粉条与所有调味料翻炒均匀,制成馅料备用。
4. 取春卷皮放上适量馅料,卷成春卷状备用。
5. 将卷好的春卷放入油温190℃的油锅中,炸至呈金黄酥脆即可。

174 炸芋头糕

材料
素芋头糕………150克
低筋面粉…………适量

蘸酱
甜辣酱…………适量

做法
1. 芋头糕切块后，沾裹面粉，用150℃油温炸至脆酥后起锅盛盘。
2. 蘸甜辣酱食用即可。

素食美味小贴士
　　像芋头糕、萝卜糕这类食材，因为本身较软易碎，下锅油炸前沾少许面粉，可以帮助定型。另外也能使用煎的方式，煎过的芋头糕、萝卜糕口感会有点焦香，比起油炸又是另一种风味，不妨试试看。

175 炸素米血

材料
素米血…………120克
罗勒………………适量

蘸酱
甜辣酱……………适量

做法
1. 素米血切块备用。
2. 热一锅油，以150℃油温将米血块炸熟后，捞起沥干油盛盘。
3. 罗勒下油锅略炸捞起，放于盘中。
4. 蘸甜辣酱食用即可。

素食美味小贴士
　　素米血又称紫菜糕，紫菜的添加让其颜色犹如真正的米血糕。素米血适合煎、炒、炸、蒸，料理方式简单，而且别有一番风味。煎的素米血，表面酥脆又有紫菜的香味；炒的素米血，口感软滑有嚼劲；炸的素米血，外酥内软，吃起来有"咔嗞咔嗞"的声音。

176 炸半月豆皮饺

材料

老豆腐·······················2块
玉米粒·······················2大匙
腐皮·························5张
胡萝卜末······················2大匙
面糊·························少许

调味料

盐··························少许
香油·························1小匙
白胡椒·······················少许

做法

1. 将老豆腐使用纱布拧干水分，挤压成豆腐泥备用。
2. 将豆腐泥、玉米粒、所有调味料混和搅拌均匀，制成馅料备用。
3. 将腐皮裁切成圆型，放上适量馅料，再加入1小匙胡萝卜泥。
4. 将腐皮对折成三角形的饺子，以面糊封口备用。
5. 将饺子放入油温190℃的油锅中炸至金黄酥脆即可。

149

177 炸豆皮海苔卷 蛋奶素

材料
豆皮·····················5张
海苔·····················5张
魔芋·····················5片
面糊·····················少许

调味料
盐························少许
番茄酱···················2大匙
美奶滋···················1小匙
白胡椒粉·················少许

做法
1. 将海苔与豆皮切成等长的长片；魔芋切片，备用。
2. 豆皮铺底，放上海苔片，再加入魔芋片，将豆皮缓缓卷成卷状，使用面糊封口备用。
3. 将卷好的豆皮卷放入油温180℃的油锅中炸成金黄色，取出沥油后切成段制成海苔卷。
4. 将所有调味料搅拌均匀，淋在海苔卷上即可。

注：美奶滋含有蛋黄，若非蛋奶素食者可换成黄芥末酱或其他素食调味酱。

素食美味小贴士
如果魔芋较厚且因为弹性较好不易卷起，可以先在魔芋一面划上几刀，这样就能轻松卷起不易弹开。

178 麻辣豆芽虎皮卷

材料

半圆腐皮	2张
胡萝卜	20克
小黄瓜	10克
芹菜	2棵
绿豆芽	200克
面糊	适量

调味料

红油	1小匙
香油	1小匙
姜汁	5克
白醋	1小匙
豉汁酱油	3大匙

做法

1. 胡萝卜去皮洗净切丝；小黄瓜洗净切丝，绿豆芽去头尾洗净；芹菜去叶洗净切段，备用。
2. 煮一锅沸水，放入绿豆芽汆烫，迅速捞起沥干水分备用。
3. 所有调味料调匀制成麻辣酱汁，备用。
4. 依序将半圆腐皮裁成长方形，包入胡萝卜丝、小黄瓜丝、芹菜段以及绿豆芽，卷成成圆条状，接口处抹上少许面糊粘合，两端捏紧，备用。
5. 热油锅至油温约150℃，放入豆芽卷以中火油炸至表面金黄酥脆，起锅沥干油切段，食用前蘸上麻辣酱汁即可。

179 素镶臭豆腐

材料

炸过的小块臭豆腐
.... 3块
小黄瓜....................1条
香菜段..................少许
台式泡菜.............适量

调味料

酱油酱汁.............1大匙
辣椒酱.................1/2大匙
素乌醋.................1/2小匙

做法

1. 预炸过的小型臭豆腐放入约180℃的热油中大火炸至表面酥脆，捞出沥干油分。
2. 小黄瓜洗净，取适量盐搓揉表面，再以冷开水冲洗干净，沥干水分后，用刨丝器刨成细丝备用。
3. 将炸好的臭豆腐中央用干净的剪刀剪出交叉的开口，填入小黄瓜丝，再淋上所有调味料，放入盘中，旁边搭配适量泡菜即可。

酱油酱汁

材料：
酱油50毫升、酱油膏150毫升、细砂糖25克、水200毫升、糯米粉适量

做法：
1. 将水倒入锅中煮开，加入细砂糖继续煮至完全溶解，再加入酱油和酱油膏拌煮均匀。
2. 将适量糯米粉以少许分量外的水调匀，一边搅拌一边慢慢淋入煮沸的锅中至浓稠即可。

台式泡菜

材料：
圆白菜1200克、胡萝卜丝30克

调味料：
盐1大匙、细砂糖30克、糯米醋50克

做法：
1. 将圆白菜从蒂头处切下叶片，洗净切片，以冷开水浸泡约1小时（需完全淹盖）。
2. 将圆白菜捞出沥干水分，再放回无水钢盆中加入盐拌匀。
3. 将胡萝卜丝放入钢盆中拌匀，加盖放置约30分钟使其软化，再用力搓揉出多余的水分。
4. 将揉好的圆白菜与胡萝卜丝充分挤干水分，并将揉出的水分倒除。将细砂糖与糯米醋加入钢盆中，充分拌匀后加盖冷藏浸泡约1天即可。

180 创意麻辣臭豆腐

材料
生臭豆腐·····················3块
青椒·····················1/4个
黄甜椒·····················1/4个
红甜椒·····················1/4个
鲜香菇·····················3朵
姜·····················适量
淀粉·····················1小匙

调味料
辣豆瓣酱·····················1大匙
辣椒酱·····················1大匙
素高汤粉·····················1小匙
细砂糖·····················1小匙
蚝油·····················1大匙
水淀粉·····················2大匙
香油·····················1小匙
红油·····················2大匙
素高汤·····················2杯

做法
1. 生臭豆腐切块，沾淀粉入锅炸至呈金黄色，姜洗净切末；青椒、红甜椒、黄甜椒、香菇均洗净切丁备用。
2. 起油锅，炒香姜末、香菇丁及辣豆瓣酱、辣椒酱，再下青椒丁、红甜椒丁、黄甜椒丁及其余调味料，拌炒勾芡后，淋在臭豆腐块上即可。

素食美味小贴士

生臭豆腐分两种，一种是机器制的生臭豆腐，可说是目前市场上最容易购买和取得的原材料，价格也相对较为便宜，是想自行开店创业者节省食材成本的好选择。

第二种是手工制的生臭豆腐，虽然外观不似机器制的那样方正美观，价格也比较贵一些，但吃起来的口感更佳。不过由于手工制作的过程较为繁复，所以若想以纯手工制臭豆腐为材料的店家们，可得考虑一下成本了。

181 椰汁烤土豆 蛋奶素

材料

土豆·················1个
奶酪丝············30克
巴西里碎·········1小匙

调味料

水·················适量
盐·················少许
椰汁············50毫升
奶油·············1大匙
面粉·············1大匙
咖喱粉···········1小匙
黑胡椒············少许

做法

1. 土豆洗净去皮，切成小片备用。
2. 将所有调味料搅拌均匀倒入烤盘中，加入土豆片。
3. 撒上奶酪丝再放到烤箱中，以210℃的温度烤约18分钟至软。
4. 取出烤盘，撒上巴西里碎装饰即可。

182 百里香烤土豆 蛋奶素

材料

土豆·················2个
百里香·············2棵
腐竹·················2根
地瓜··············1/2个
姜···············15克

调味料

奶油·············1大匙
盐·················少许
黑胡椒粉··········少许
意式什锦香料···1小匙

做法

1. 将土豆与地瓜去皮，再切成方形大块备用。
2. 腐竹泡软切小段；姜洗净切片，备用。
3. 取一个烤盘，放入做法1、做法2的材料与所有调味料拌匀。
4. 放入烤箱中，以190℃的温度烤约20分钟至软即可。

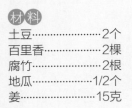

素食美味小贴士

腐竹是风干的腐皮，因此，如果腐竹没有事先泡软就放进烤箱烘烤，吃起来就会又干又柴。

183 茄汁烤时蔬千层面 蛋奶素

材料
茄子……………1/2个
小黄瓜……………1条
土豆……………1个
鲜香菇……………3朵
千层面面皮……………3片
奶油……………1大匙
奶酪丝……………120克

调味料
水……………适量
盐……………少许
西红柿丁……………适量
番茄酱……………3大匙
黑胡椒……………少许
月桂叶……………1片
意式什锦香料……………1小匙

做法
1. 茄子、小黄瓜、鲜香菇均洗净切小片；土豆去皮切片，备用。
2. 将上述材料全部放入平底锅中，加入少许油以中火煎至上色备用。
3. 将千层面面皮放入沸水中煮软，再放入冷水中冰镇后，捞起淋上少许油备用。
4. 热锅，倒入1大匙油，加入所有调味料，以中火炒香，煮匀成酱汁备用。
5. 取烤盘，抹上奶油后放入一片千层面皮，再加入做法2炒好的蔬菜，加上适量酱汁。
6. 重复做法5的步骤3次，再铺上奶酪丝，放入烤箱以220℃的温度烤至奶酪丝融化上色即可。

素食美味小贴士
煮好的千层面容易粘在一起，因此沥干水分后，可淋上少许食用油，这样就可以防止千层面互相粘连。

184 奶油玉米焗西兰花 蛋奶素

材料

玉米罐头·············1罐
红甜椒·············1/2个
青西兰花·············1棵
奶酪丝·············50克

调味料

水·············适量
盐·············少许
鲜奶·············100毫升
面粉·············2大匙
奶油·············1大匙
黑胡椒粉·············少许
西式什锦香料···1小匙

做法

1. 青西兰花洗净切小朵，去老梗后放入沸水中余烫备用。
2. 红甜椒洗净切小片；玉米罐头沥除水分，备用。
3. 热锅，倒入所有调味料，以中火煮至黏稠，制成酱汁备用。
4. 取烤盘，放入青西兰花、红甜椒、玉米粒，再淋入酱汁，铺上奶酪丝放入烤箱中，以210℃的温度烤约15分钟至上色即可。

185 麦片焗圆白菜卷 蛋奶素

材料

麦片·············50克
鲜奶·············100毫升
圆白菜叶·············5片
西芹·············2棵
荸荠·············2颗
鲜香菇·············3朵
素火腿·············30克
奶酪丝·············60克

调味料

盐·············少许
奶油·············1大匙
黑胡椒粉·············少许
月桂叶·············1片

做法

1. 麦片以鲜奶泡软；圆白菜叶放入沸水中余烫，再放入冰水中冰镇，备用。
2. 荸荠、素火腿、鲜香菇、西芹均洗净切成小丁备用。
3. 热锅，倒入1大匙油，加入做法2的材料以中火爆香，再加入所有调味料炒香制成馅料备用。
4. 取圆白菜叶摊开，放上馅料与麦片，卷成卷状备用。
5. 取深烤盘，放入做好的圆白菜卷，铺上奶酪丝，放入烤箱以220℃的温度烤至上色即可。

186 素烤焗白菜 蛋奶素

材料
大白菜·······················1/2棵
黑木耳··························2片
金针菇·······················1/2包
胡萝卜·······················1/3根
干香菇··························3朵
奶酪丝··························50克

酱汁
水·····························适量
奶油························1小匙
鲜奶························50毫升
面粉························2大匙

调味料
盐····························少许
香油·······················1小匙
酱油·······················1小匙
白胡椒粉······················少许

做法
1. 大白菜洗净切成大块；黑木耳、胡萝卜洗净切丝；干香菇泡软洗净切丝；金针菇洗净去蒂，备用。
2. 热锅，加入做法1的所有材料与所有调味料，以中火炒软备用。
3. 另热锅，加入所有酱汁材料及做法2的炒料，以小火煮开至浓稠制成焗烤酱汁备用。
4. 取烤盅加入煮软的大白菜，再加入制作好的焗烤酱汁后，铺上奶酪丝。
5. 放入烤箱中，以200℃的温度烤约15分钟，烤至乳酪丝融化上色即可。

187 意式香料烤鲍菇

材料
杏鲍菇·············3根
青椒·············1/2颗
红甜椒·············1/3颗

调味料
盐·············少许
橄榄油·············30毫升
月桂叶·············2片
黑胡椒粉·············少许
普罗旺斯香草粉
·············1小匙

做法
1. 杏鲍菇洗净切片；青椒与红甜椒均洗净切大块，备用。
2. 将所有调味料混合均匀，再放入做法1的所有蔬菜，一起腌渍约15分钟备用。
3. 将腌渍好的蔬菜放入烤箱，以200℃的温度约15分钟至上色即可。

素食美味小贴士
除了杏鲍菇外，也能使用口蘑、鲜香菇等各种肉多的菇类，腌渍过的菇类吸饱调味料与香料的滋味，即使经过高温烘烤仍能保持鲜嫩多汁。

188 味噌酱烤美人腿

材料
茭白·············4根
黄甜椒·············1/2个
红椒丝·············少许

调味料
味噌·············2大匙
米酒·············1大匙
砂糖·············1大匙
热水·············3大匙
香油·············1小匙
香菜梗碎·············3支
黑胡椒粉·············少许
盐·············少许

做法
1. 茭白去外壳备用。
2. 黄甜椒切片备用。
3. 将所有调味料混合，使用打蛋器搅拌均匀，制成味噌酱备用。
4. 将茭白、黄甜椒片放入烤盘中，淋上调好的味噌酱，放入烤箱中以200℃的温度烤约12分钟烤至上色，用红椒丝进行装饰即可。

189 烤沙嗲素明虾串

材料

素明虾	3尾
素腰花	3个
圣女果	3颗
魔芋	3块
青椒	1/2个

酱汁

水	适量
盐	少许
椰浆	1大匙
酱油	1小匙
色拉油	1大匙
花生碎	1大匙
香菜末	1大匙
黄姜粉	少许
素沙茶酱	2大匙
白胡椒粉	少许

做法

1. 素腰花、魔芋、素明虾泡软后洗净；青椒、圣女果洗净切片，备用。
2. 热锅，加入所有酱汁材料，以中火煮开备用。
3. 取竹签将做法1的所有材料依序串起来，再将串好的素串泡至酱汁中约15分钟备用。
4. 将素串放入烤箱中，以200℃的温度烤至上色即可。

190 茶香烤素肠

材料

素肠	3条
四季豆	8根
胡萝卜	1/3根
姜	20克
香菜叶	适量

腌料

盐	少许
茶叶	1小匙
砂糖	1大匙
酱油	1小匙
白胡椒	少许

做法

1. 素肠洗净；四季豆洗净去蒂；胡萝卜洗净，切成与四季豆一样长的片；姜洗净切片，备用。
2. 将所有腌料混合均匀，放入做法1的材料腌渍约15分钟备用。
3. 将做法2腌渍过的材料放入烤箱中，以200℃的温度烤约10分钟至上色。
4. 取出胡萝卜与四季豆盛盘，再将面肠切段放入盘中，最后以香菜叶装饰即可。

191 烤奶酪苹果 蛋奶素

材料
麦片·······················3大匙
红苹果·····················3个
葡萄干·····················1大匙
水蜜桃干···················2大匙
奶酪丝·····················1大匙
葡萄干·····················适量
蔓越莓干···················适量
什锦软糖···················适量

调味料
蜂蜜·······················1小匙
奶油·······················1大匙

做法
1. 红苹果去蒂，并挖去中间的心，泡盐水备用。
2. 葡萄干、水蜜桃干切成丁；麦片泡软备用。
3. 将苹果沥干，再将做法2的材料塞入苹果中，并加入所有调味料，铺上奶酪丝备用。
4. 将填好馅料的苹果放入温度为200℃的烤箱中，烤约20分钟至奶酪丝融化且上色。
5. 取出苹果盛盘，再撒入葡萄干、蔓越莓干及什锦软糖装饰即可。

注：非蛋奶素食者可将奶油换成植物奶油。

192 蛋饼乳酪卷

材料

魔芋	50克
素火腿片	3片
蛋饼皮	3张
乳酪丝	35克
苜蓿芽	1盒
鲜百里香	适量

调味料

甜鸡酱	1大匙
盐	少许
黑胡椒粉	少许

做法

1. 将素火腿片与魔芋都切成条，备用。
2. 将蛋饼皮摊开，抹上甜鸡酱，再加入苜蓿芽、魔芋条、素火腿条、盐、黑胡椒粉。
3. 放上乳酪丝后，将蛋饼皮卷起来，再放入烤箱中，以200℃的温度烤约5分钟至上色。
4. 取出蛋饼卷切成小片，再用鲜百里香装饰即可。

193 香烤臭豆腐

材料
- A 臭豆腐 ………… 2块
  - 香菜 ………… 适量
- B 圆白菜 ……… 300克
  - 胡萝卜丝 …… 10克
  - 姜末 ………… 10克
  - 红椒片 ……… 10克

调味料
- A 素沙茶 ……… 1小匙
  - 素蚝油 ……… 1大匙
  - 酱油 ………… 1小匙
  - 油 …………… 1小匙
  - 糖 …………… 1小匙
- B 盐 …………… 少许
  - 糖 ………… 1/2大匙
  - 糯米醋 …… 1/2大匙

做法
1. 香菜洗净；圆白菜洗净，加入调味料B的盐拌匀，待略为软化后，用手搓揉，挤干水分，加入调味料B的糖和糯米醋腌1天。
2. 将调味料A拌匀制成酱汁。
3. 臭豆腐放入预热过的烤箱中烤3分钟，刷上酱汁后再烤2~3分钟，再刷一次酱汁，烤至膨胀上色后取出。
4. 将烤好的臭豆腐横切但不切断，放入泡圆白菜和香菜即可。

194 烤香菇盒

材料
- 鲜香菇 …………… 5朵
  - （大朵）
- 芋头 …………… 100克
- 素火腿 ………… 40克
- 小豆苗 ………… 50克
- 熟竹笋 ………… 40克
- 芹菜末 ………… 10克

调味料
- 盐 …………… 1/4小匙
- 糖 …………… 少许
- 胡椒粉 ………… 少许

做法
1. 鲜香菇洗净去梗，将香菇梗切成细丁；素火腿、熟竹笋切成细丁；将小豆苗放入加了少许盐和油（材料外）的沸水中汆烫一下，捞起放入盘中摆盘备用。
2. 芋头去皮切片，放入电锅中蒸熟后趁热压成泥。
3. 热一锅，倒入少许油，放入香菇梗丁爆香，再放入素火腿丁炒香，最后放入熟竹笋丁和所有调味料拌炒均匀。
4. 将芋泥、做法3中做好的炒料和芹菜末拌匀，填入鲜香菇中，放入预热过的烤箱中，烤10分钟后取出，放入摆有小豆苗的盘中即可。

195 烤群菇

材料

鲜香菇……………60克
口蘑……………50克
杏鲍菇……………60克
秀珍菇……………30克
鸿禧菇……………40克
美白菇……………40克
绿栉瓜……………25克
黄栉瓜……………25克

调味料

A 素蚝油……………1大匙
　橄榄油……………1/2大匙
　酱油……………1小匙
B 盐……………少许
　巴西里末……………少许
　黑胡椒碎……………少许

做法

1. 鲜香菇、口蘑、杏鲍菇均洗净切块；秀珍菇、鸿禧菇、美白菇均洗净去头；绿栉瓜、黄栉瓜均洗净切片。
2. 将所有调味料A拌匀制成酱汁。
3. 做法1所有材料放于烤盘上，均匀刷上酱汁，再撒上所有调味料B，最后将烤盘放入预热过的烤箱，烤10~15分钟即可。

烤炸凉拌素食

196 烤鲜蔬

材料
圆白菜婴............4个
干香菇............2朵
荸荠............3颗
甜玉米粒............25克
碧玉笋丁............15克
杏鲍菇丁............20克
姜末............5克

调味料
盐............1/4小匙
糖............少许
香菇粉............少许
胡椒粉............少许

做法
1. 圆白菜婴洗净，头部划开约1/3深的十字花刀；干香菇泡软洗净切丁；荸荠去皮，切丁。
2. 热一锅，放入油、姜末爆香后，放入香菇丁炒香，再放入荸荠丁、甜玉米粒、杏鲍菇丁略炒，加入所有调味料炒匀，最后再放入碧玉笋丁。
3. 将做法2的炒料塞入圆白菜婴中，放入铝箔盘，盘上再盖一层铝箔纸，放入预热过的烤箱，烤15~20分钟即可。

197 烤丝瓜

材料
丝瓜............300克
玉米笋............30克
烟熏素火腿............20克
枸杞子............10克
秀珍菇............30克
橄榄油............少许

调味料
盐............1/4小匙
香菇粉............1/4小匙
胡椒粉............少许

做法
1. 丝瓜洗净去皮切块；玉米笋洗净切片；烟熏素火腿切丝；枸杞子洗净；秀珍菇洗净备用。
2. 取一张铝箔纸，放入做法1所有材料后，加入所有调味料和橄榄油，再盖上另一张铝箔纸，将四边密封好。
3. 将做法2材料包放入预热过的烤箱中，烤15~20分钟即可。

198 意式烤茄子

材料

茄子	1个
素肉	50克
西红柿	1个
罗勒	2棵
奶酪丝	50克
罗勒叶	少许

调味料

盐	少许
香油	1小匙
橄榄油	2大匙
黑胡椒	少许

做法

1. 将茄子切条备用。
2. 素肉泡软切条；西红柿洗净切小块；罗勒洗净切碎，备用。
3. 热锅，倒入1大匙油，加入做法2的材料以大火炒匀，再加入所有调味料翻炒均匀备用。
4. 将茄子放入烤盘中，加入做法3的炒料与奶酪丝，放入烤箱中以210℃的温度烤至茄子表面上色变软即可。

199 烤麸茄子串

材料
烤麸	9块
茄子	1个
小黄瓜	1条
圣女果	12颗
上海青	3棵
熟白芝麻	适量

腌料
米酒	1大匙
砂糖	1小匙
香油	1小匙
素蚝油	2大匙
番茄酱	1大匙
白芝麻	1小匙

做法
1. 烤麸切小片；茄子、小黄瓜、圣女果均洗净切小片，备用。
2. 将做法1的所有材料加入所有腌料拌匀，腌渍约10分钟备用。
3. 取竹签将腌渍好的材料依序串起来制成烤麸串，放入烤箱中以200℃的温度烤约10分钟至上色。
4. 取出烤麸串，以余烫好的上海青围边，并撒上熟白芝麻即可。

200 味噌烤香茄

材料
鲜香菇	150克
茄子	100克
竹签	适量

酱料
味噌	5大匙
砂糖	2大匙
香油	1大匙
水	200毫升
红话梅	2颗

做法
1. 茄子洗净切斜片；鲜香菇洗净去蒂头。将茄子片和香菇制成蔬菜串备用。
2. 将混合拌匀的酱料，涂抹在蔬菜串上，放入已预热的烤箱中，以上火200℃、下火150℃的温度烤约3分钟，至蔬菜外观略焦即可。

素食美味小贴士
在烤酱材料中加入红话梅，可以让烤酱吃起来带有甘甜的口感。

201 火烤五彩鲜蔬

材料
中小型口蘑·········6朵
青椒·············50克
鲜香菇············5朵
红甜椒············50克
黄甜椒············50克
罗勒·············50克

调味料
素蚝油············2大匙
乌醋·············1/2小匙
盐··············1/2小匙
素高汤粉···········1/2小匙
细砂糖············1小匙
素沙茶············1大匙
香油·············1小匙
淀粉·············1小匙

做法
1. 口蘑洗净去蒂头，在菇上划十字刀；香菇洗净去蒂头切条；青椒、红甜椒和黄甜椒洗净去籽切条，备用。
2. 热锅，加入少许油烧热，加入香菇片和口蘑炒香，再加入所有调味料拌炒均匀。
3. 取一大张铝箔纸，先放入青椒条、红甜椒条和黄甜椒条，再放入炒香的香菇条和口蘑，再摆上罗勒叶，将铝箔纸包卷起来移至烤架上，烤到看见蒸汽冒出即可。

202 白酱蘑菇

材料
A 蘑菇(小)·····120克
　西兰花········100克
B 奶油·········1大匙
　牛奶········150毫升
　水·········150毫升
　低筋面粉·······1大匙
　奶酪片········2片
　面包粉········适量

调味料
黑胡椒············适量
香菇粉············少许
盐··············适量

做法
1. 西兰花切小朵汆烫后沥干；蘑菇洗净，备用。
2. 热锅，放入奶油热至融化，放入低筋面粉炒香，加入水、牛奶煮沸，放入奶酪片拌煮至融化即成白酱，熄火备用。
3. 另热锅，倒入少许油，放入蘑菇、西兰花及所有调味料炒匀，倒入白酱拌匀。
4. 将蘑菇、西兰花倒入焗烤盘中，撒上面包粉，将焗烤盘放入烤箱中，以200℃的温度烤至上色即可。

203 香酥苹果旺来派

材料
春卷皮·····················10张
苹果·························1个
菠萝·························60克
植物性奶油···············2大匙
花生粉······················60克
面糊·······················适量

调味料
红糖·························80克
二砂糖·····················100克
蜂蜜·······················2大匙
月桂粉·····················1小匙
玉米粉·····················1大匙
水··························3大匙

做法
1. 苹果去皮洗净切丁；菠萝去皮洗净切丁备用。
2. 热锅，加入植物奶油烧热，倒入红糖和二砂糖以中小火拌炒至融化，加入苹果丁和菠萝丁拌炒至果肉软化，再加入其余调味料拌匀，熄火倒入容器内静置待凉，此即内馅。
3. 依序将春卷皮舀入2大匙内馅，再撒上少许花生粉卷成圆筒状，开口处以少许面糊粘合。
4. 加热油锅至油温约160℃，放入做好的春卷以中火油炸至表面金黄酥脆，起锅沥干油脂即可。

204 威尼斯沙拉 蛋奶素

材料

鸡蛋	2个
土豆	1个
小黄瓜	2条
酸黄瓜	2条
胡萝卜	30克

调味料

橄榄油	5大匙
老酒醋	2大匙
黑胡椒	少许
盐	少许

做法

1. 鸡蛋放入冷水中煮熟后剥壳放凉；土豆煮熟后去皮；将煮熟的鸡蛋与土豆都切片备用。
2. 胡萝卜去皮切成小条，小黄瓜切条放入沸水中氽烫过水，备用。
3. 酸黄瓜切末，备用。
4. 将所有调味料混合均匀制成酱汁备用。
5. 将做法1、做法2、做法3的材料依序摆盘，再淋上酱汁即可。

205 凉拌芦笋

材料

芦笋·················12根
香菜···················1棵
芹菜···················1棵
红甜椒··············1/3个
魔芋结···············3个

酱汁

砂糖·················少许
酱油···············1小匙
香油···············2大匙
黑胡椒·············少许
巴西里碎·········1大匙

做法

1. 芦笋去除老皮，再放入沸水中汆烫过水；魔芋丝汆烫一下，备用。
2. 香菜、芹菜、红甜椒均洗净切碎备用。
3. 将酱汁材料混合均匀制成酱汁备用。
4. 取一盘放入芦笋与魔芋结，再撒入做法2的材料，最后再淋入酱汁即可。

206 橙汁沙拉

材料

芦笋···················3根
红甜椒··············1/2个
魔芋结···············10个
魔芋墨鱼············3个

调味料

盐·····················少许
香油···············1小匙
柳橙汁···········100毫升
柠檬汁············1/2颗
橄榄油···········30毫升
黑胡椒·············少许

做法

1. 将魔芋结、魔芋墨鱼汆烫后沥干水分；芦笋洗净切片；红甜椒洗净切小丁，再放入沸水中汆烫过水，备用。
2. 将所有调味料混合均匀制成酱汁备用。
3. 将做法1的材料都放入盘中，淋上酱汁，再搅拌均匀即可。

207 木耳沙拉

材料

川耳	100克
芹菜	2棵
土豆	1/2个
红甜椒	1/3个
姜	35克

调味料

盐	少许
砂糖	1小匙
乌醋	3大匙
色拉油	1大匙
白胡椒粉	少许

做法

1. 川耳去除蒂头，泡冷水约15分钟至软备用。
2. 土豆去皮切成小条；姜洗净切丝；芹菜洗净切小段；红甜椒洗净切丝，备用。
3. 热锅，倒入1大匙油，加入做法2的材料，以中小火炒软。
4. 加入所有调味料与川耳，拌匀后放冷即可。

素食美味小贴士

川耳又称云耳，原产自四川、云南一带，比一般木耳体型小，但口感更加清脆，用于凉拌再适合不过了。

208 凉拌百合枸杞

材料

百合	2朵
芦笋	5根
红甜椒	1/2个
枸杞子	2大匙
姜	15克

调味料

白胡椒粉	少许
香油	2大匙
砂糖	1小匙
酱油	1小匙
盐	少许

做法

1. 芦笋去老皮后切小段，再放入沸水中余烫过水备用。
2. 姜、红甜椒洗净切丝；枸杞子、百合洗净，备用。
3. 热锅，倒入1大匙油，再加入做法2的材料，以中火炒香取出。
4. 将做法1与做法3的所有材料与所有调味料拌匀即可。

209 白菜芝麻卷

材料
大白菜叶⋯⋯⋯⋯⋯2片
四季豆⋯⋯⋯⋯⋯50克
胡萝卜⋯⋯⋯⋯⋯60克
绿豆芽⋯⋯⋯⋯⋯50克
香菜⋯⋯⋯⋯⋯⋯3棵

调味料
水⋯⋯⋯⋯⋯⋯⋯适量
盐⋯⋯⋯⋯⋯⋯⋯少许
香油⋯⋯⋯⋯⋯⋯1大匙
芝麻酱⋯⋯⋯⋯⋯1小匙
白胡椒⋯⋯⋯⋯⋯少许
白芝麻⋯⋯⋯⋯⋯1小匙

做法
1. 将大白菜叶放入沸水中氽烫至软后，沥干备用。
2. 四季豆、胡萝卜均洗净切丝；绿豆芽去头尾，再和四季豆丝、胡萝卜丝一起放入沸水中烫熟后，沥干备用。
3. 将所有调味料混合均匀制成酱汁备用。
4. 将大白菜叶摊开，加入适量做法2的材料，再加入酱汁。
5. 将大白菜卷至扎实，再切成两段即可。

210 豆芽菠萝水果丝

材料
罐头菠萝⋯⋯⋯⋯50克
绿豆芽⋯⋯⋯⋯⋯100克
魔芋丁⋯⋯⋯⋯⋯50克
红甜椒⋯⋯⋯⋯⋯1个
鲜茴香⋯⋯⋯⋯⋯2根

调味料
盐⋯⋯⋯⋯⋯⋯⋯少许
香油⋯⋯⋯⋯⋯⋯1大匙
柠檬汁⋯⋯⋯⋯⋯1小匙
黑胡椒⋯⋯⋯⋯⋯少许
普罗旺斯香草粉
⋯⋯⋯⋯⋯⋯⋯1小匙

做法
1. 绿豆芽洗净后放入沸水中汆烫，再过冰水冷却后沥干备用。
2. 罐头菠萝切丁；红甜椒洗净切丝；茴香切碎，备用。
3. 将所有调味料用打蛋器搅拌均匀制成酱汁备用。
4. 将做法1、做法2、做法3的材料一起放入大碗中，搅拌均匀即可。

211 凉拌白玉魔芋丝

材料
苦瓜⋯⋯⋯⋯⋯1/2条
魔芋结⋯⋯⋯⋯150克
红甜椒⋯⋯⋯⋯1/2个
巴西里末⋯⋯⋯1小匙

调味料
盐⋯⋯⋯⋯⋯⋯少许
香油⋯⋯⋯⋯⋯1大匙
砂糖⋯⋯⋯⋯⋯1小匙
柠檬汁⋯⋯⋯⋯1小匙
黑胡椒粉⋯⋯⋯少许
泰式甜鸡酱⋯⋯1大匙

做法
1. 苦瓜切开去籽，再切成小片，放入沸水中汆烫过水备用。
2. 魔芋结滤水；红甜椒洗净切丝，备用。
3. 将所有调味料搅拌均匀后，再加入所有材料拌匀即可。

素食美味小贴士
魔芋结基本上可以直接食用，也可在食用前先汆烫，以去除其碱水味道。

173

212 凉拌蕨菜

材料
蕨菜·················200克
鲜香菇················3朵
姜·····················20克

调味料
盐·····················少许
香油·················1大匙
黑胡椒················少许
熟白芝麻···········1小匙

做法
1. 蕨菜去除老梗再切小段，放入沸水中汆烫后，沥干备用。
2. 鲜香菇切片；姜切丝，一起放入沸水中汆烫后，沥干备用。
3. 将所有调味料混和均匀制成酱汁备用。
4. 将做法1、做法2的材料加入酱汁，搅拌均匀后盛盘即可。

213 凉拌辣白菜

材料
白菜···················1/2棵
胡萝卜················30克
红椒···················1/2个

调味料
盐·····················少许
香油·················1大匙
白醋·················1大匙
辣椒油·············1小匙
砂糖·················少许
白胡椒粉···········少许

做法
1. 白菜切成大长条，用盐抓一下，再放入清水中洗净后拧干水分备用。
2. 胡萝卜去皮切片，放入沸水中汆烫过水；红椒洗净切丝，备用。
3. 将做法1、做法2与所有调味料一起混合，再搅拌均匀即可。

214 南洋蔬菜卷

材料
大白菜叶··················5片
玉米粒··················100克
素火腿··················30克
腐皮····················2张
姜·····················15克

调味料
水·····················50毫升
盐·····················少许
椰浆····················200毫升
咖喱粉··················1小匙
白胡椒粉················少许

做法
1. 将大白菜叶放入沸水汆烫至软备用。
2. 姜洗净，与素火腿一起切丝备用。
3. 将大白菜叶摊开，先铺上腐皮，再加入玉米粒。
4. 将白菜叶卷起来，在表面划几刀，放入蒸盘，以大火蒸约5分钟后再放凉，淋上混合后的调味料即可。

175

215 素鲍鱼冷盘 蛋奶素

材料
杏鲍菇··············· 400克
苜蓿芽················· 适量

调味料
美奶滋················· 适量

做法
1. 杏鲍菇洗净，放入蒸盘中。
2. 再放入电锅中，外锅加入1杯水，煮至开关跳起，再焖5分钟。
3. 待杏鲍菇放凉，切片后排入装盘的苜蓿芽上。
4. 细细淋上美奶滋即可。

注：美奶滋含有蛋黄。

素食美味小贴士
要尽量选择较大的杏鲍菇，这样切出来的片才会又大又漂亮。

216 冰镇红枣莲子

材料
红枣·················· 80克
鲜莲子·············· 80克
水·················· 400毫升

调味料
冰糖·················· 50克
水麦芽·············· 50克

做法
1. 将红枣、鲜莲子洗净。
2. 起一锅，放入红枣、鲜莲子和水，煮沸后转小火，盖上锅盖煮约20分钟。
3. 加入冰糖和水麦芽煮入味后盛起放凉，放入冰箱冰一天后即可食用。

素食美味小贴士
　　莲子料理前要记得先拔除中间的黑芯。因为莲子芯味苦，如果不去除，会破坏整个料理的口味。

217 梅脆圣女果

材料
双色圣女果······300克
梅子干·············· 适量
水·················· 350毫升

调味料
冰糖·················· 70克

做法
1. 将圣女果洗净，放入沸水中氽烫后捞出，去皮放凉备用。
2. 热一锅，放入水、梅子干和冰糖，煮匀后放凉，制成糖水圣女果。
3. 将圣女果放入糖水中泡入味，再放入冰箱冷藏1天即可食用。

素食美味小贴士
　　西红柿在氽烫前，可以先浅浅划一刀，这样氽烫的时候西红柿皮会更容易翻起，有利于去皮。

218 彩椒镶豆腐

材料

彩椒·······················250克
嫩豆腐·····················1盒
榨菜·······················40克
烟熏素火腿···············40克
姜末·······················10克

调味料

盐·························少许
糖·························1/4小匙

做法

1. 将彩椒以冷开水洗净，去籽切块；榨菜和烟熏素火腿切末。
2. 热锅，加入少许香油（材料外），放入姜末爆香，再放入榨菜末和烟熏素火腿末拌炒，起锅放凉。
3. 嫩豆腐压成泥，加入所有调味料拌匀，再放入做法2的炒料拌匀。
4. 将做法3制成的材料填入彩椒块中即可。

219 芝麻拌海带

材料

干海带	20克
姜丝	15克
红椒丝	10克
白芝麻	20克

调味料

盐	1/4小匙
糖	1小匙
素乌醋	1/2大匙
淡酱油	1小匙
香油	1大匙

做法

1. 干海带洗净，放入沸水中汆烫一下，捞出泡冰水至凉后沥干。
2. 起一锅，放入白芝麻，以小火炒香至上色，备用。
3. 将海带芽放入容器中，加入所有调味料搅拌均匀。
4. 加入姜丝、红椒丝和熟白芝麻拌匀即可。

220 凉拌黄花菜

材料
干黄花菜·········· 40克
黑木耳············ 35克
芹菜段············ 35克
姜末·············· 10克

调味料
盐··············· 1/4小匙
糖··············· 1/4小匙
香菇粉·············· 少许
胡椒粉·············· 少许
香油··············· 1大匙

做法
1. 干黄花菜洗净泡水至软，放入沸水中汆烫约2分钟，注意火不要开太大，以避免金针散开，备用。
2. 黑木耳洗净切丝，放入沸水中汆烫1分钟；芹菜段放入沸水中汆烫一下，捞出泡冰水后沥干水分。
3. 将做法1、做法2的所有材料放入容器中，加入姜末和所有调味料，拌匀即可。

221 凉拌白菜梗

材料
大白菜梗·········300克
姜末·············10克
香菜·············10克
花生碎············20克
红椒圈············10克

调味料
盐···············1/4小匙
糖···············1小匙
素乌醋············1小匙
辣油·············1小匙
糯米醋·············少许

做法
1. 大白菜梗洗净切丝，放入沸水中汆烫一下马上捞出，泡冰水后沥干水分备用。
2. 将大白菜梗丝放入容器中，加入所有调味料拌匀。
3. 放入姜末、红椒圈和香菜拌匀，最后撒上花生碎即可。

素食美味小贴士
白菜梗也能生吃，泡冰水会比较脆。这道菜刚做好的时候口感最脆，时间久了就会因为加入了调味料而渐渐软化。

222 凉拌小黄瓜

材料

小黄瓜	300克	盐	1/4小匙
胡萝卜片	30克	糖	1/2大匙
姜片	10克	糯米醋	1小匙
红椒圈	10克		

调味料

做法

1. 小黄瓜洗净，去头尾，切段，加入胡萝卜片和1/2小匙盐（材料外）拌匀，腌20分钟。
2. 用冷开水将小黄瓜段、胡萝卜片洗净，加入姜片和红椒圈，再加入调味料拌匀。
3. 将做法2中的材料放入冰箱中冷藏，冰凉后再食用。

素食美味小贴士

小黄瓜事先用盐腌一下，可以去除草腥味，也会比较脆。另外，如果小黄瓜较老有籽，可以把籽去掉再凉拌。

食谱示范：江丽珠

223 翠玉针菇

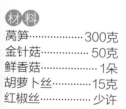

材料

莴笋	300克	盐	1/4小匙
金针菇	50克	香菇粉	1/4小匙
鲜香菇	1朵	胡椒粉	少许
胡萝卜丝	15克	香油	1大匙
红椒丝	少许		

调味料

做法

1. 将莴笋去皮切丝，加入少许盐（材料外）拌匀，腌1分钟后放入沸水中汆烫一下马上捞出，放入冰水中冰镇，再捞出沥干备用。
2. 金针菇去头洗净、鲜香菇洗净切丝和胡萝卜丝放入沸水中汆烫至熟，捞出沥干水分待一起凉。
3. 将做法1、做法2中的所有材料和所有调味料拌匀，放上红椒丝即可。

素食美味小贴士

本道凉拌菜使用的莴笋丝，也可以用西兰花的菜心来代替。

224 百香青木瓜

材料
青木瓜·················· 300克
百香果·················· 7个
柠檬汁·················· 1适量

调味料
二砂糖·················· 60克

做法
1. 青木瓜洗净去皮去籽切薄片，用1小匙盐（材料外）拌匀，腌5分钟后以冷开水洗净，沥干水分备用。
2. 百香果洗净切开，挖出内容物放入锅中。
3. 锅中加入二砂糖，以小火煮匀，再加入柠檬汁拌匀，盛入容器中待凉。
4. 将青木瓜片加入容器中拌匀，放入冰箱冷藏1天后即可食用。

素食美味小贴士
选购青木瓜的时候，要买青一点的，才会比较脆；也尽量使用新鲜百香果，这样风味较佳，如果买不到，可以用百香果酱来代替。

225 凉拌牛蒡

材料
牛蒡·····················300克
胡萝卜丝·················15克
姜片·····················15克
白芝麻····················适量

调味料
盐·························1/4小匙
酱油······················少许
糖·························1小匙
素乌醋····················1/2小匙
白醋······················1/2小匙

做法
1. 牛蒡洗净，去皮切细丝；白芝麻以干锅炒香，备用。
2. 热一锅，加入2大匙油，放入姜片，爆香至微焦后取出。
3. 锅中放入牛蒡丝和胡萝卜丝，炒1分钟，再加入所有调味料炒至入味。
4. 将牛蒡丝盛盘放凉后，放入冰箱冷藏，食用时再加入白芝麻拌匀即可。

226 辣拌豆干丁

材料
黑豆干·····················2块
红椒末·····················10克
姜末·······················10克
香菜·······················5克
青椒末·····················10克
蒜末·······················5克

调味料
辣豆瓣酱···················1大匙
酱油膏·····················1大匙
酱油·······················1小匙
糖·························1/2小匙
辣椒油·····················1小匙
香油·······················少许

做法
1.将黑豆干洗净,放入蒸锅中蒸5分钟,取出切丁。
2.将黑豆干丁放入容器中,加入所有调味料拌匀,放置5分钟。
3.放入红椒末、青椒末、蒜末、姜末和香菜拌匀即可。

227 凉拌酸肚丝

材料
素肚······················1个
酸菜······················100克
姜丝······················10克
红椒丝····················5克
香菜段····················10克
青椒丝····················5克

调味料
盐·······················1/4小匙
糖·······················1/2小匙
淡酱油····················1小匙
素乌醋····················1小匙
香油······················1大匙
胡椒粉····················少许

做法
1. 将素肚、酸菜分别洗净切丝。
2. 将素肚和酸菜放入沸水中汆烫，捞出沥干水分，放入容器中。
3. 放入所有调味料拌匀，再放入姜丝、红椒丝、青椒丝和香菜段拌匀即可。

228 芥末魔芋

材料
魔芋······················250克
小黄瓜····················适量
姜丝······················15克

调味料
芥末······················适量
酱油······················1又1/2大匙

做法
1. 魔芋洗净，放入沸水中汆烫1分钟，捞起沥干水分，切片；小黄瓜洗净，去头尾切片，备用。
2. 将所有调味料调匀成芥末酱油备用。
3. 将魔芋片放入盘中，再放入小黄瓜片和姜丝，食用时蘸取芥末酱油即可。

 素食美味小贴士
魔芋买回来后，要先泡水一下再汆烫，这样可以去除碱味。

229 凉拌琼脂

材料

琼脂条⋯⋯⋯⋯⋯20克
小黄瓜⋯⋯⋯⋯⋯120克
魔芋⋯⋯⋯⋯⋯⋯40克
姜末⋯⋯⋯⋯⋯⋯10克
红椒丝⋯⋯⋯⋯⋯5克
青椒丝⋯⋯⋯⋯⋯5克

调味料

盐⋯⋯⋯⋯⋯⋯1/2小匙
糖⋯⋯⋯⋯⋯⋯1/2大匙
白醋⋯⋯⋯⋯⋯1/2大匙
香油⋯⋯⋯⋯⋯少许

做法

1. 将琼脂条剪段，泡约30分钟，用冷开水洗净，沥干水分；小黄瓜洗净去头尾，切丝；魔芋洗净，放入沸水中汆烫后泡冰水，切丝。
2. 将做法1所有材料、姜末、红椒丝、青椒丝加少许盐（材料外）拌匀，腌1分钟后用冷开水洗净。
3. 将做法2所有材料放入容器中，加入所有调味料拌匀即可。

230 山苏沙拉 蛋奶素

材料
山苏·····················200克
美奶滋·····················适量

做法
1. 将山苏洗净，切除较硬部位。
2. 将山苏放入沸水中余烫一下后捞起泡冰水，再捞出沥干水分。
3. 将山苏放入盘中，淋上美奶滋即可。

231 五味素牡蛎

材料
草菇·····················200克
姜末·····················适量
红椒末···················适量
芹菜末···················适量
香菜末···················适量
罗勒末···················适量
地瓜粉···················适量
小黄瓜丝·················50克

调味料
酱油·····················1大匙
酱油膏···················1大匙
糖·····················1/2小匙
番茄酱···················1小匙
素乌醋···················1小匙
香油·····················1小匙

做法
1. 草菇去蒂头洗净，放入沸水中稍汆烫后，立即捞起沥干，放凉后加入少许米酒、淀粉（材料外）拌匀，备用。
2. 将草菇放约3分钟后，均匀地沾裹上地瓜粉，再放入沸水中，煮熟后捞出沥干盛盘，制成素牡蛎备用。
3. 先将所有调味料混合拌匀，再放入姜末、红椒末、芹菜末、香菜末和罗勒末拌匀，即为五味酱。
4. 将五味酱淋至素牡蛎上，放入小黄瓜丝即可。

素食美味小贴士
草菇汆烫的时间需2~3分钟，至外表紧实时捞出即可。买回来的草菇若没有马上烹调，建议先汆烫过再放入冰箱中保存，这样才能维持它的鲜甜风味。

232 什锦菇沙拉

材料
芦笋·················60克
双色圣女果·········适量
杏鲍菇··············50克
鸿禧菇··············40克
美白菇··············40克
秀珍菇··············35克
珊瑚菇··············35克
金针菇··············35克

调味料
淡酱油·············2大匙
味醂················2大匙
糯米醋·············1大匙
橄榄油··············适量
黑胡椒碎············少许

做法
1. 双色圣女果洗净，对切成块；芦笋洗净去头备用。
2. 鸿禧菇、美白菇、秀珍菇、珊瑚菇和金针菇先去头，再洗净沥干，和洗净的杏鲍菇一起放入沸水中略汆烫后，捞出盛入深盘中。
3. 将芦笋放入沸水略汆烫，捞起沥干后放入深盘中。
4. 将调味料全部混合拌匀，淋至深盘中拌匀即可。

233 凉拌什锦蔬菜

材料
A 魔芋丝·········300克
B 黄豆芽·········50克
  芹菜··············2棵
  竹笋·············1/4根
  黑木耳············2片
  胡萝卜···········1/5个
  金针菇············1把

调味料
香油·············1小匙
红椒················1个
辣椒油··········1/2小匙
醋·············1/2小匙
糖·············1/2小匙
盐·············1/2小匙

做法
1. 将魔芋丝从包装袋中取出，沥干水分；黄豆芽洗净，沥干水分；芹菜洗净，切段；竹笋、黑木耳、胡萝卜分别洗净，切丝；金针菇洗净，切去尾端并剥开；红椒洗净去籽，切丝备用。
2. 将处理好的材料B分别放入沸水汆烫后，与魔芋一起放入容器中，再加入所有调味料拌匀即可。

234 松菇拌菠菜

材料

柳松菇……………… 少许
菠菜……………… 1把
嫩姜丝…………… 少许

调味料

香油……………… 少许
盐……………… 1小匙

做法

1. 菠菜洗净切段备用。
2. 水煮开后，先加入几滴油及少许盐，再分别放入菠菜、柳松菇烫熟后捞起备用。
3. 将所有材料和调味料拌匀盛盘即可。

235 凉拌珊瑚草

材料

珊瑚草……………… 50克
芹菜……………… 80克
胡萝卜……………… 50克
干香菇……………… 3朵
芋头……………… 150克
姜丝……………… 10克
红椒丝……………… 30克
熟白芝麻……… 2大匙

调味料

淡色酱油……… 3大匙
盐……………… 1小匙
细砂糖……… 2小匙
白醋……………… 2小匙
香油……………… 1小匙

做法

1. 珊瑚草洗净浸泡在冷水中约10小时（期间需要换3次冷水），待其膨胀后取出切段，放入沸水中汆烫后立即泡入冰水中冷却，再捞出沥干水分备用。
2. 芋头去皮切丝；热油锅至油温约170℃，放入芋头丝以中火炸至表面酥脆，捞出沥油备用。
3. 芹菜去叶洗净切段、香菇泡软洗净切丝、胡萝卜去皮洗净切丝；煮一锅沸水，依序汆烫香菇丝及胡萝卜丝。
4. 将珊瑚草、芋头丝、芹菜段、香菇丝、胡萝卜丝、姜丝、红椒丝以及所有调味料拌匀，再撒上少许熟白芝麻即可。

236 椿芽拌豆腐

材料
香椿芽............ 20克
老豆腐............ 2块
橄榄油............ 2大匙

调味料
盐................ 1/2小匙
香菇粉............ 1/2小匙
砂糖............ 1/2小匙

做法
1. 香椿芽洗净，挑除老梗，以纸巾吸干水分，备用。
2. 老豆腐切小块，泡入热盐水中（分量外）静置约5分钟后捞出，沥干水分，摆盘备用。
3. 将香椿芽用刀剁碎，再加入橄榄油及所有调味料拌匀成淋酱，淋在老豆腐块上即可。

素食美味小贴士
做法2将老豆腐泡入热盐水中，是为了利用盐去掉豆腐的豆腥味，并让老豆腐排出内部水分，使其组织紧密，不易破碎，此外盐水也能保持豆腐嫩度，且能使其不易发酸。

237 凉拌素丝

材料
豆干丝............ 200克
芹菜............ 80克
胡萝卜............ 30克
黑木耳............ 25克
姜末............ 10克

调味料
盐................ 1/4小匙
香菇粉............ 1/4小匙
细糖............ 1/2小匙
胡椒粉............ 少许
香油............ 1/2大匙
辣油............ 1/2大匙

做法
1. 芹菜洗净切段；胡萝卜洗净去皮切丝；黑木耳洗净切丝，备用。
2. 将豆干丝放入沸水中汆烫一下后，捞出待凉，再将芹菜段、胡萝卜丝、黑木耳丝分别放入沸水中汆烫约1分钟捞出，放入冰开水中，待凉取出沥干备用。
3. 将做法2的材料全部拌匀后，加入所有调味料和姜末，拌至均匀入味即可。

238 凉拌萝卜皮

材料
白萝卜...............2个
红椒 1个
香菜...............1/2支
盐...............2小匙

调味料
香油...............1小匙
糖...............1/2小匙
醋...............1/2小匙
盐...............1小匙

做法
1. 白萝卜洗净，用刀削去外皮后，取其外皮与2小匙盐抓拌至出水，再以清水洗去盐分备用。
2. 红椒洗净，去籽切末；香菜洗净切末，备用。
3. 将白萝卜皮全部放入容器中，加入所有调味料、红椒末一起拌匀至入味，最后撒上香菜末即可。

239 糖醋萝卜丝

材料
白萝卜...............300克
红甜椒末...............1/2小匙

调味料
白醋...............3大匙
砂糖...............3大匙
盐...............1小匙

做法
1. 白萝卜洗净去皮后切丝，加入调味料中的盐拌匀，腌渍约10分钟，挤干水分备用。
2. 将白萝卜丝加入红甜椒末及其余调味料拌匀，腌渍约20分钟至入味即可。

素食美味小贴士
做法1将白萝卜丝以盐腌渍，除了可以软化白萝卜丝，还可去除白萝卜的涩味。

193

240 菩提莲香卷

材料

```
A 石莲花 ················2片
  红菜 ···················20克
  地瓜叶 ················20克
  菠菜 ···················20克
  玫瑰花瓣 ·············2片
  莴笋丝 ················20克
  胡萝卜条 ·············4条
  碗豆苗 ················5克
  苜蓿芽 ················20克
  香椿 ···················2片
B 坚果粉 ················10克
  葡萄干 ················少许
  枸杞子 ················1小匙
C 海苔片 ················2片
```

做法

1. 将材料A洗净，沥干水分备用。
2. 取一张海苔片铺上适量做法1中的材料，再撒上少许材料B的坚果粉、葡萄干以及枸杞子，卷起成手卷状即可。

注：自制坚果粉可以用熟花生、腰果、葵花子等坚果放入食物调理机（或果汁机）打成粉末即可。

241 干丝拌粉丝

材料
五香麻菇豆腐干…2片
龙口粉丝…………1把
黑木耳……………1片
白芝麻……………适量

调味料
香菇鲜美露……3大匙
姜末……………1小匙

做法
1. 五香麻菇豆腐干剖半切丝，汆烫沥干，备用。
2. 粉丝在冷水中泡10分钟至软化，再烫熟沥干，备用。
3. 黑木耳切丝，汆烫沥干，备用。
4. 取一盆，放入豆干丝、粉丝、黑木耳丝，加入所有调味料搅拌均匀。
5. 撒上白芝麻放凉食用。

素食美味小贴士
五香麻菇豆腐干味道香、质地软，最适合用于凉拌。

242 酸辣土豆丝

材料
土豆……………1颗
（约150克）
红椒……………5克
青椒……………5克

调味料
镇江醋…………1大匙
辣油……………1大匙
细砂糖…………1小匙
盐………………1/6小匙

做法
1. 土豆去皮、切丝，放入沸水中汆烫约30秒钟，捞出泡冰水；红椒、青椒洗净去籽、切丝，备用。
2. 将土豆丝、红椒丝、青椒丝与所有调味料拌匀即可。

素食美味小贴士
镇江醋不同于一般的乌醋，其口味重，香气也独特，醋味别具风格，颇能消暑开胃。

243 金平莲藕

材料
莲藕·················· 1节
干辣椒·············· 1个
香油·················· 1大匙
色拉油·············· 1/2大匙
熟白芝麻·········· 适量

酱汁
素蚝油·············· 1大匙
水······················ 4大匙
米酒·················· 2大匙
砂糖·················· 1小匙

做法
1. 将莲藕去皮后切片，并泡入醋水（水和醋的比例为100:3）中，再放入沸水中汆烫约1分钟即捞起，沥干水分备用。
2. 将干辣椒泡入冷水中，待略变软后挤出辣椒籽，切成小圆丁备用。
3. 将酱汁的所有材料混合均匀备用。
4. 热油锅，放入莲藕片及干辣椒略炒一下，加入酱汁，以大火炒至酱汁略微收干时，加入香油拌炒均匀，待凉后撒上熟白芝麻即可。

244 腌嫩姜

材料
嫩姜·················· 300克
盐······················ 10克

调味料
盐······················ 适量
细砂糖·············· 100克
白醋·················· 200毫升
水······················ 150毫升

做法
1. 去除嫩姜硬的部分，洗净、沥干。
2. 将嫩姜放入调理盆中，加入材料中的盐拌匀，腌约5小时，再以手揉出苦水，并沥干水分。
3. 以冷开水浸泡约嫩姜3小时，再将水倒出并沥干。
4. 取一小锅，加水煮沸，再加入盐、细砂糖煮溶，待凉加入白醋调匀制成糖醋汁；取一玻璃罐，将嫩姜放入，再加入糖醋汁后密封盖子，腌渍约10天即可。

注：腌嫩姜若处理得宜，置放在通风阴凉处可保存3个月左右。

245 腌酱笋

材料
麻竹笋............1500克
豆粕..............200克
甘草................2片

调味料
盐................150克
细砂糖............100克
米酒..............1大匙

做法
1. 麻竹笋去壳，切掉纤维较硬的部分，再切成大块，备用。
2. 取一调理盆，放入豆粕、盐、细砂糖搅拌均匀。
3. 取一玻璃瓶，先撒入一些拌匀的调味料，再将麻竹笋块排入瓶中，以一层调味料叠一层麻竹笋的方式排入瓶中，最后加入甘草与米酒，密封放置在阴凉处3个月即可。

注：腌酱笋若处理得宜，置放在通风阴凉处可保存1年左右。

246 腌辣萝卜

材料
白萝卜............1个

调味料
细砂糖............2大匙
白醋..............1大匙
辣豆瓣酱..........2大匙
香油..............1小匙

做法
1. 白萝卜去头尾洗净切厚片，加入少许盐（分量外）拌匀，静置一天后揉除多余水分。
2. 取重物压除萝卜片的多余水分，静置约2天后，用冷开水洗净，加入所有调味料拌匀，静置1天至入味即可。

247 辣萝卜干

材料

萝卜干·················· 200克

调味料

辣椒酱·················· 1大匙
糖·························· 1小匙
辣油·················· 1/2大匙
香油······················ 1小匙
白醋······················ 1小匙

做法

1. 萝卜干洗净切条，放入沸水中快速氽烫一下，立刻捞出沥干水分，放入容器中备用。
2. 将全部调味料混合调匀，再加入萝卜干中拌匀即可。

248 红油笋丝

材料

笋丝……………300克

调味料

红油……………5大匙
盐……………1/2小匙
细砂糖…………1/2小匙

做法

1. 笋丝泡水2小时，放入沸水中汆烫10分钟后捞起沥干。
2. 将笋丝放入容器内，加入所有调味料拌匀即可。

249 梅子腌大头菜

材料

大头菜…………600克
红椒丝…………15克
腌梅子…………10粒

调味料

盐………………少许
细砂糖…………1大匙
梅子汁…………2大匙

做法

1. 大头菜去皮洗净后切片，加少许盐（分量外）抓拌均匀，静置2小时后揉出多余水分，用冷开水洗一下沥干水分，备用。
2. 将所有调味料调匀，加入红椒丝、腌梅子以及大头菜片拌匀，放进冰箱冷藏，食用前取出即可。

蒸煮汤品
素食料理 篇

很多素食是以蒸煮的方式呈现，
不但较易保留蔬食原有的养分，
吃起来也不油腻，
尤其许多豆制素食品都含有大量的油脂，
利用清蒸的方式就会使其显得清爽许多。
而素食汤品更是没有荤食汤品的油腻，
能够直接品尝到蔬果食材最鲜甜的味道，
这才是真正美味！

vegetarian
food

Steam Soups

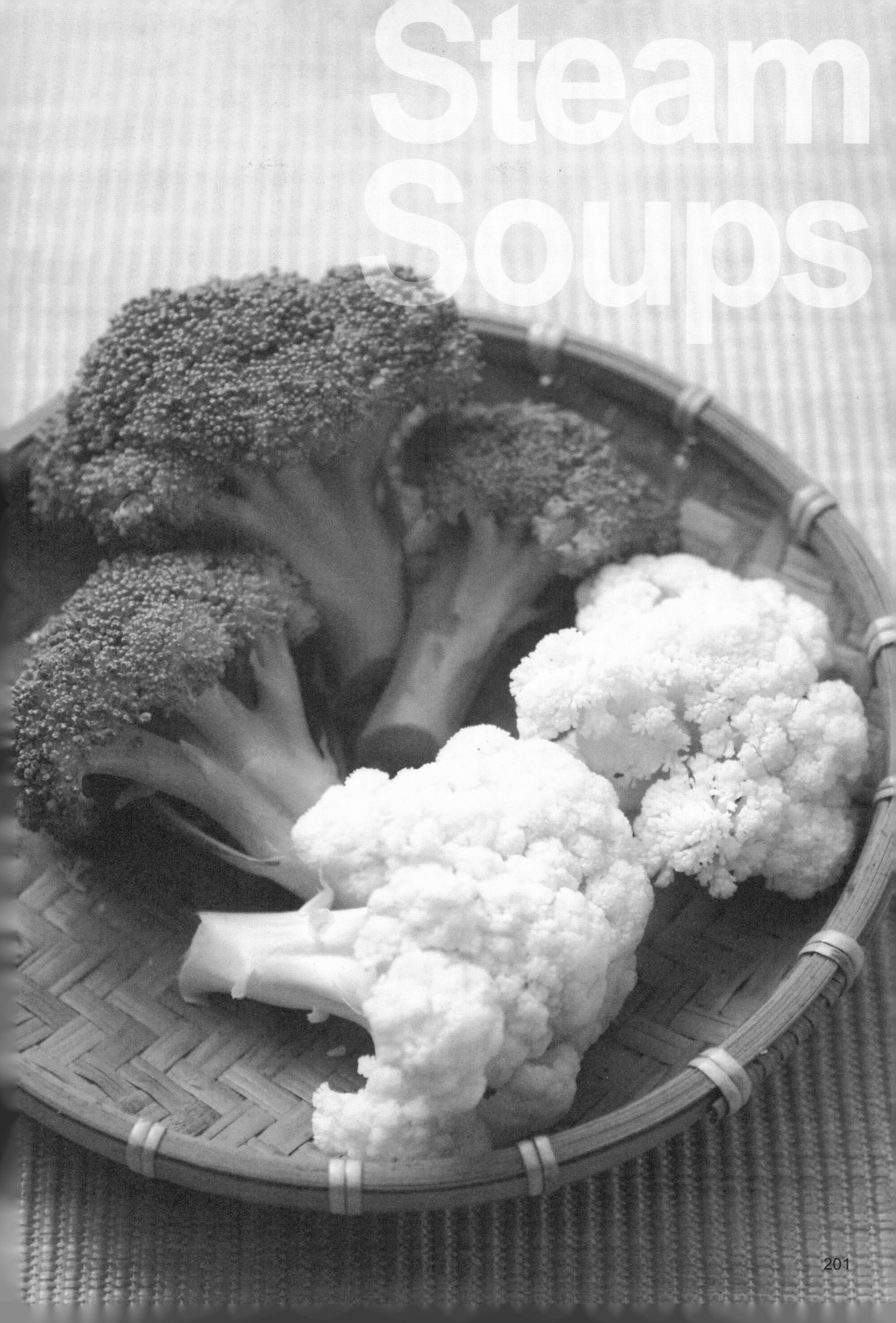

必学蒸酱  做法和用途

香椿酱

材料

香椿叶100克、素肉50克、鲜香菇50克、黑豆酱60克、芝麻100克、糖30克、盐5克、香油20克

做法

1. 香椿叶洗净切碎；素肉切碎；香菇洗净切碎，备用。
2. 取一容器，加入其余调味料，放入做法1的材料混合均匀，煮沸后熄火，最后再加入香油即可。

美味用途

香椿是素食料理中常用的提味替代品，其特有的呛香味让人一尝就爱上，不论是用来当蒸酱，蒸煮蔬菜、菇类或肉类，或是拿来拌饭、拌面都很合适。但香椿的特有香味在烹煮过程中会逐渐减少，所以烹调时间要拿捏得宜。

树子酱

材料

破布籽50克、破布籽腌汁70毫升、咸冬瓜20克、糖1小匙

做法

取一锅，将所有材料加入拌匀，煮至沸腾即可。

注：破布籽腌汁即为破布籽罐中的腌汁。

美味用途

这道树子酱，用来蒸海鲜十分适合，吃起来不会过咸。除了当蒸酱外，用来炒青菜、野菜等青味重的食材也很适合。

蒜蓉酱  五辛素

材料

蒜仁60克、素蚝油3大匙、糖2大匙、米酒2大匙、水100毫升、话梅1颗

做法

1. 先将蒜头切末备用。
2. 取一锅，将其余材料放入，再放入蒜末拌匀，煮沸即可。

美味用途

蒜蓉酱可以说是一般家庭很常使用的酱，蒜蓉特殊的呛味，十分适合用于蒸煮料理。蒜蓉酱除了可做蒸酱外，也适合拿来当蘸酱。

黑椒酱

材料
粗黑胡椒粒100克、A1酱30克、素蚝油30克、番茄酱20克、糖30克、米酒2大匙、水50毫升

做法
取一锅,将所有材料加入拌匀,煮至沸腾即可。

美味用途
黑椒酱有着黑胡椒的香气,也因为加了番茄酱,尝起来微酸微辣,不论是蒸或煎,还是用来炒面,只要加入少许黑椒酱,就能令人食欲大增。

素蚝油酱

材料
素蚝油5大匙、糖1大匙、酒1大匙

做法
取一锅,将所有材料加入拌匀,煮至沸腾即可。

美味用途
适合用于热炒时调味,是广东菜的常用酱,蚝油生菜最为人熟知。

鱼香酱 五辛素

材料
辣椒酱50克、葱1根、蒜仁10克、糖3大匙、米酒2大匙、酱油2大匙

做法
1. 葱洗净切末;蒜仁切末,备用。
2. 取一锅,将其余材料放入,再放入做法1的材料,混合煮沸即可。

美味用途
鱼香酱那微麻微辣的口感,能让料理尝起来更有丰富的层次,不论是当蒸酱还是当炒酱都很合适。鱼香酱可以用来做许多菜的佐料,像鱼香茄子等都是餐厅里常见的下饭好菜。

250 翠玉福袋

材料

圆白菜1棵、干香菇6朵、胡萝卜丝60克、豆皮6片、素火腿丝60克、熟竹笋丝60克、香菜叶适量、芹菜梗适量

调味料

A 盐1/2小匙、细砂糖1/4小匙、白胡椒粉少许
B 枸杞子10克、水300毫升、香菇鲜美露少许、水淀粉少许、香油少许

做法

1. 圆白菜洗净去心，整棵放入沸水中略汆烫至软，捞出冲水放凉，剥下6片叶片；芹菜去叶，将芹菜梗汆烫，捞起泡水沥干；香菇泡软洗净切丝；豆皮切丝，备用。
2. 锅烧热，加入2大匙油，放入香菇丝炒香，再放入胡萝卜丝、豆皮丝、素火腿丝、熟竹笋丝拌炒均匀，再加入调味料A和香菜叶拌匀制成馅料。
3. 取一片圆白菜叶铺平，放入适量馅料，再用芹菜梗绑好，将多余的圆白菜叶和芹菜梗修剪至齐做成福袋。
4. 重复上述做法直到材料用尽，再排入盘中，放入蒸锅中蒸10分钟后取出。
5. 取锅加入水和枸杞子，煮沸后加入香菇鲜美露，再以少许水淀粉勾芡，淋入香油，最后淋至做好的福袋上即可。

251 香菇镶豆腐

材料

鲜香菇……………………10朵
老豆腐……………………1块
荸荠…………………………7颗
胡萝卜碎…………………30克
姜末………………………10克
素火腿碎…………………30克
小豆苗……………………150克
淀粉…………………………适量

调味料

A 盐…………………1/4小匙
  香菇粉……………1/4小匙
  细砂糖………………少许
  白胡椒粉……………少许
  香油…………………1小匙
B 盐……………………少许
  素蚝油………………少许
  水淀粉………………少许
  香油…………………少许

做法

1. 鲜香菇洗净去梗备用，小豆苗洗净，氽烫后捞出铺在盘中。
2. 老豆腐压碎，荸荠去皮拍扁剁碎去水，放入容器中，再放入胡萝卜碎、素火腿碎、姜末和调味料A及淀粉，搅拌均匀制成内馅。
3. 将鲜香菇抹上少许淀粉，再取适量内馅填入，重复此做法直到材料用尽，再放入蒸笼蒸10～15分钟。
4. 将蒸好的镶豆腐，排入铺好小豆苗的盘中。
5. 取锅，加入水煮沸，加入盐和素蚝油煮匀，以水淀粉勾芡，淋入香油，最后再淋在摆好的盘中即可。

252 树子银萝什锦菇卷

材料
白萝卜·················300克
美白菇··················50克
柳松菇··················50克
香菇····················50克
上海青··················适量

调味料
树子酱··················1大匙
糖·····················1/2小匙
香油····················1/3小匙

做法
1. 白萝卜削皮,用刀片成四方长薄片,放入盐水中浸泡3分钟至软备用。
2. 美白菇、柳松菇和香菇洗净,改切成和萝卜片同宽的条,依序放在白萝卜片上,卷起后放入蒸盘内。
3. 将全部调味料混合拌匀后,淋在做好的萝卜卷上,放入水已煮沸的蒸笼内,以小火蒸约5分钟取出。
4. 上海青洗净,放入沸水中烫熟,放于盘边作装饰即可。

253 玉环银萝菌菇

材料

白萝卜·················300克
蘑菇······················50克
秋葵片···················少许
烫熟金针菇碎···········少许

调味料

A 香菇粉···········1/2小匙
  糖···············1/2小匙
  盐···············1/2小匙
B 素蚝油···········1大匙
  糖···············1小匙
  香油·············1小匙
  淀粉·············1大匙

做法

1. 白萝卜去皮，用盖模从中间压出花朵状备用。
2. 蘑菇用刀在顶部划出六角形刻痕，再放入干锅中烙出焦色备用。
3. 将蘑菇放置在白萝卜中心，再放上秋葵片，盛入盘中，撒上混合拌匀的调味料A，放入水已煮沸的蒸笼内，以小火蒸约30分钟至萝卜变软取出。
4. 取出蒸好的汤汁，加入金针菇碎和调味料B拌匀煮沸后，淋在萝卜上即可。

蒸煮汤品素食

207

254 豆豉蒸鲍菇

材料
杏鲍菇 ················· 200克
豆腐 ······················ 1块
红甜椒 ·············· 100克
青椒丁 ················ 30克
豆豉 ····················· 1小匙
陈皮 ····················· 1块
姜 ························· 1块
香油 ····················· 1小匙

调味料
酱油膏 ·············· 1大匙
糖 ························· 1小匙

做法
1. 杏鲍菇洗净，和豆腐一起切长形厚片，放入锅中煎出焦色；红甜椒洗净汆烫去皮、去籽，切片备用。
2. 陈皮、姜洗净剁碎；豆豉泡软后，剁碎备用。
3. 取盘，先放一片豆腐，再排入红甜椒片、杏鲍菇片，重复此步骤至材料用完为止。
4. 将调味料和做法2中的材料混合拌匀，淋入做法3摆好的盘中，放入水已煮沸的蒸笼内，以小火蒸约5分钟取出。
5. 撒上青椒丁，再将烧热的香油淋入即可。

255 柚酱蒸山药

材料
山药 ················· 200克
白果 ··················· 50克
腌渍梅子 ·············· 6颗

调味料
柚子酱 ·············· 1大匙
盐 ····················· 1/4小匙
枸杞水 ·············· 1/2小匙

做法
1. 山药去皮，切成四方形块，在中间挖出一个小凹槽，盛入盘中备用。
2. 腌渍梅去籽，压碎后和调味料混合，取适量填入山药凹槽中，再放上1颗白果，再将剩余的调味材料铺在盘内，放入水已煮沸的蒸笼中，以小火煮约5分钟取出即可。

注：将6粒枸杞子泡入冷水中，至枸杞子泡开后，留下的即为枸杞水。

256 树子甘露蒸丝瓜

材料
丝瓜……………150克
面线……………150克
枸杞子……………适量

调味料
A 茶油…………1大匙
　酱油…………1/2小匙
B 树子…………50克
　糖……………1小匙
C 香油…………1大匙

做法
1. 丝瓜去皮、去籽，切成长条状，放入沸水中汆烫至软，捞起沥干备用。
2. 面线放入沸水中略汆烫后，先过冷水后，捞起再拌入调味料A。
3. 取适量面线，将丝瓜条卷起来，放至盘上，重复此步骤，至面线用完为止。
4. 将调味料B混合拌匀，淋在做法3上，放入水已煮沸的蒸笼内，以小火煮约5分钟取出，放上树子和枸杞子装饰，再淋入烧热的香油即可。

257 翠藻苦瓜盅

材料
A 苦瓜…………200克
B 海带丁………30克
　木耳…………30克
　草菇丁………30克
　黄豆芽………30克
　笋丁…………30克
　蘑菇丁………30克
C 什锦海藻………2克

调味料
酱油膏…………1/2小匙
糖………………1小匙
盐………………1/4小匙
淀粉……………1小匙
香油……………1大匙
红曲……………1大匙

做法

1. 苦瓜洗净切成环状，去籽去膜后，放入沸水中汆烫至熟，制成苦瓜盅；什锦海藻泡水至涨发，洗净备用。
2. 将材料B放入沸水中汆烫，捞起沥干后，加入全部调味料混合拌匀，再填入苦瓜盅内，放入水已煮沸的蒸笼中，以小火蒸约15分钟取出，放上涨发的什锦海藻作装饰即可。

258 蔬食甜菜

材料
大白菜·····················100克
山药·······················50克
草菇·······················30克
红甜椒·····················50克
鲜香菇·······················1朵
烫熟秋葵片···············10克

调味料
盐·························1/2小匙
糖·························1小匙
淀粉·······················1大匙
香油·······················1小匙

做法
1. 大白菜去除菜叶，留下菜梗，洗净后片成薄片。
2. 山药去皮切片；草菇洗净放入沸水中汆烫，切片备用。
3. 红甜椒洗净去籽后，放入沸水中汆烫，先捞起去皮，再切片。
4. 香菇洗净去蒂头，放入沸水中汆烫，捞起备用。
5. 取一个碗，将大白菜梗先铺贴在碗内，再将做法2、做法3的材料排入碗中压紧，放入水已煮沸的蒸笼中，以小火蒸约20分钟取出，倒扣在盘上，放上香菇和烫熟的秋葵片装饰。
6. 将蒸出的汤汁另外取出，加入全部的调味料煮沸后，淋在盘中即可。

259 雪菜白果蒸玉玺 蛋奶素

材料
雪里红·············· 50克
白果················· 50克
鲜香菇·············· 50克
蛋豆腐·············· 1盒
黄甜椒丝············ 5克

调味料
红曲酱·············· 1大匙
糖··················· 1小匙
香油················· 1小匙

做法
1. 白果洗净切片；雪里红和鲜香菇洗净，切小丁备用。
2. 将做法1的材料和全部调味料混合拌匀，制成馅料。
3. 蛋豆腐用盖模压出圆形，放入煎锅内略煎至外观呈焦色盛盘，再加上调好的馅料，放入水已煮沸的蒸笼内，以小火蒸约5分钟取出即可。

260 白玉蒸菜花 蛋奶素

材料
A 菜花50克、薏米50克、松子20克、西红柿200克
B 莲子碎10克、笋丁15克、素火腿丁15克
C 蛋清2个、烫熟的秋葵20克

调味料
A 盐1/2小匙、糖1小匙、香油1小匙
B 水淀粉1小匙

做法
1. 菜花放入沸水中汆烫后，捞起切小丁备用。
2. 薏米浸泡在冷水中1小时后取出，放入水已煮沸的蒸笼中，以小火蒸约30分钟。
3. 松子放入沸水中汆烫后，再放入水已煮沸的蒸笼中，以小火蒸约20分钟。
4. 西红柿放入沸水中汆烫，捞起去皮、横向剖开上端并去籽，使其成为盅状备用。
5. 将做法1、做法2、做法3、材料B和调味料A混合拌匀，填入西红柿盅内，放入水已煮沸的蒸笼中，以小火蒸约15分钟取出盛盘。
6. 将蒸出的汤汁另取出，和蛋清煮沸后，淋入盘中，再放入秋葵装饰即可。

261 海带南瓜卷

材料

A 海带·················100克
B 南瓜·················50克
   西芹·················30克
   胡萝卜·················30克
C 核桃·················30克
   韭菜花·················5根
   红椒圈·················适量
   烫熟的芦笋·········50克

调味料

盐·················1小匙
糖·················1小匙
胡椒粉·················1/4小匙
香油·················1大匙
海苔酱·················1大匙

做法

1. 海带泡水至软，捞起沥干，切成小片状备用。
2. 南瓜去皮、去籽，切成手指状的长条型；西芹洗净、撕去老须，切成手指状的长条型；胡萝卜洗净去皮，切成手指状的长条型。
3. 核桃放入沸水中汆烫，放入水已煮沸的蒸笼中，以小火蒸约20分钟取出。
4. 韭菜花放入沸水中汆烫后，过冷水备用。
5. 将做法2的材料和全部调味料混合拌匀。
6. 将海带摊平，卷入适量的做法5材料，用韭菜花绑紧，盛入盘中，放入水已煮沸的蒸笼中，以小火蒸约10分钟取出，放上红椒圈、核桃和烫熟的芦笋装饰即可。

262 白玉南瓜卷

材料
南瓜……………100克
豆腐……………1盒
海苔粉…………30克
紫菜条…………10克

调味料
盐………………1小匙
糖………………1小匙

做法
1. 南瓜去皮去籽，切条状，放入水已煮沸的蒸笼内，以中火蒸约10分钟至熟后，先取出放凉，再加入全部调味料备用。
2. 豆腐切成四方片铺在保鲜膜上。
3. 将蒸熟的南瓜条均匀沾裹上海苔粉，放在豆腐片上，再卷成筒状，并用紫菜条固定住南瓜卷；放入水已煮沸的蒸笼内，以小火蒸约5分钟即可。

素食美味小贴士
如果使用嫩豆腐，则不易卷起，且容易破碎，选择老豆腐比较好处理。老豆腐较为扎实，卷的过程中失败率较低。

263 竹荪南瓜盅

材料
南瓜……………300克
竹荪……………30克
白山药…………50克
紫山药…………50克
蘑菇……………50克
海苔粉…………1克

调味料
牛奶……………300毫升
盐………………1/2小匙
糖………………1大匙
意大利什锦香料…1克

做法
1. 竹荪浸泡在冷水中至涨发，捞起放入沸水中汆烫去除酸味，再取出切块备用。
2. 白山药和紫山药去皮切丁；蘑菇洗净切片，备用。
3. 南瓜洗净，横剖切开后，先去籽洗净，放入水已煮沸的蒸笼内，以大火蒸约5分钟，取出后加入做法1、做法2的材料和全部调味料，再放入蒸笼内，以小火蒸约10分钟取出，最后撒上海苔粉即可。

264 松茸蒸豆泥

材料

银耳·················30克   松茸菇··············100克
老豆腐················3块   栗子片··············15克
蛋清·················1个   烫熟青豆仁········20克

做法

1. 银耳浸泡至冷水中至涨发，去除蒂头后剁碎，放入水已煮沸的蒸笼中，以小火蒸约20分钟；取出放凉备用。
2. 老豆腐用滤网挤压成泥状，加入蛋清、银耳和全部调味料拌匀，放入碗中。
3. 将松茸菇和栗子片排在上面，放入蒸笼内，以小火蒸约10分钟取出，放上烫熟青豆仁作装饰即可。

美食美味小贴士
　　银耳的蒂头比较硬且口感不好，要先去除。而挑选银耳时应选略带黄色的比较天然，纯白银耳则可能以化学药剂漂白过。

265 莲子蒸香芋

材料

芋头················150克
蘑菇···············15克
干莲子·············100克
冬菜···············10克
香菜················1棵

调味料

A 盐················1小匙
　 糖················1小匙
　 香油·············1小匙
　 胡椒粉··········1/4小匙
　 玉米粉···········1大匙
B 酱油膏··········1小匙
　 香油···········1/2小匙

做法

1. 芋头去皮切片，放入水已煮沸的蒸笼内，以大火蒸约20分钟至熟取出，压平成泥状。
2. 干莲子先浸泡在冷水中，再放入水已煮沸的蒸笼中，以大火蒸约20分钟至软，取出后压碎成小颗粒状。
3. 蘑菇洗净切片，放入锅中煎出焦色，排于碗底。
4. 将芋泥、莲子碎、冬菜和调味料A混合拌匀，盛入放有蘑菇片的碗中压紧，放入水已煮沸的蒸笼内，以小火蒸约10分钟后倒扣在盘中，淋上混合拌匀的调味料B，放上香菜装饰即可。

266 竹荪三丝卷

材料

A 竹荪 10条
B 香菇丝 50克
  芹菜丝 50克
  笋丝 50克
  胡萝卜丝 20克
C 甜豆荚 30克

调味料

橄榄菜 2大匙
姜末 10克
糖 1大匙
盐 1小匙
香油 1小匙

做法

1. 竹荪浸泡在冷水中至涨发，捞出放入沸水中氽烫，切去头尾，留下竹荪管，再从中剪开成片状备用。
2. 将全部调味料混合拌匀备用。
3. 将材料B和1/3的做法2调味料混合拌匀。
4. 将竹荪摊平，放入适量的做法3材料，卷成筒状放入蒸盘内，重复此步骤至竹荪用完为止，再将剩余的2/3做法2调味料淋入，加入甜豆荚作装饰；放入水已煮沸的蒸笼内，以小火蒸约10分钟取出即可。

267 冬瓜三宝扎

材料

A 冬瓜 ·················· 300克
　 素火腿 ·············· 50克
B 冬菇 ·················· 50克
　 冬笋 ·················· 50克
　 胡萝卜 ·············· 50克
　 玉米笋 ·············· 50克

调味料

酱油膏 ·················· 1大匙
糖 ························· 1小匙
香油 ····················· 1小匙
胡椒粉 ·················· 1/3小匙
水淀粉 ·················· 1大匙

做法

1. 冬瓜去皮去籽，用刨刀刨出长条片状，泡入盐水中待软备用。
2. 将材料B放入沸水中氽烫后，捞出沥干备用。
3. 将冬瓜片摊平，放入适量的素火腿和做法2的材料，卷成筒状放入盘中，放入水已煮沸的蒸笼中，以小火蒸约10分钟取出。
4. 将蒸出的汤汁另取出，和全部调味料一起混合煮匀后，淋至盘中即可。

268 香椿蒸茭笋

材料
茭白……………200克
素火腿……………50克
芦笋……………适量
红椒圈……………适量

调味料
香椿酱……………2大匙
松子碎……………5克
香叶梗碎……………1根
香油……………1小匙
糖……………1小匙
盐……………1/2小匙
玉米粉……………1/2小匙

做法
1. 茭白去外壳，刨去老皮，中间用刀划开；素火腿切条后，夹入茭白中间，排入盘中，再放上芦笋和红椒圈装饰。
2. 全部调味料混合拌匀，淋在茭白上，放入水已煮沸的蒸笼中，以小火蒸约10分钟即可取出。

269 罗汉玉甫

材料
A 冬瓜……………300克
　黄瓜片……………50克
　海藻……………5克
　甜椒丁……………5克
B 面筋……………20克
　香菇片……………50克
　胡萝卜片……………50克
　黄豆芽……………50克
　草菇片……………50克
　金菇……………50克
　笋片……………50克

调味料
A 酱油膏……………2大匙
　糖……………1大匙
　香油……………1大匙
　玉米粉……………1小匙
B 酱油……………1小匙
　水淀粉……………1小匙
　香油……………1小匙

做法
1. 冬瓜切成大块四方形，去皮去籽，放入水已煮沸的蒸笼内，以大火蒸约10分钟至冬瓜熟透，取出后将里面挖空，放入碗内。
2. 将材料B放入沸水中余烫，捞起后拌入调味料A，再填入冬瓜内，放回蒸笼以小火蒸约15分钟取出，放在铺有黄瓜片的盘上。
3. 将做法2蒸出的汤汁另取出，和全部调味料拌匀煮沸后，淋入盘中，放上少许海藻和甜椒丁装饰即可。

270 栗子蒸素肠

材料
A 栗子…………100克
素肠…………100克
梅干菜………50克
B 红椒丝………10克
烫熟上海青…50克

调味料
A 酱油…………1大匙
B 酱油膏………1大匙
糖……………1大匙
盐……………1/2小匙
胡椒粉………1/2小匙
香油…………1大匙

做法
1. 栗子洗净，浸泡在冷水中1小时，放入水已煮沸的蒸笼中，以中火蒸约30分钟。
2. 素肠沾上调味料A，放入热油锅中炸至上色，切斜片备用。
3. 梅干菜浸泡在水中，将细砂洗净，切碎备用。
4. 将全部材料放入容器中，加入调味料B拌匀后，取一深碗，先排入素肠片，再加入梅干菜和栗子，放入水已煮沸的蒸笼中，以小火蒸约20分钟，取出倒扣于盘中；放入烫熟上海青和红椒丝作装饰即可。

271 面轮豉汁素排

材料
干面轮…………50克
素排骨…………100克
地瓜……………100克
陈皮……………1片
豆豉……………20克
葱丝……………少许

调味料
酱油膏……………2大匙
糖…………………1大匙
香油………………1大匙
胡椒粉……………1小匙
玉米粉……………1小匙

做法
1. 干面轮浸泡至冷水中至涨发，切块备用。
2. 地瓜去皮切小块，放入热油锅中炸至金黄；陈皮和豆豉浸泡在冷水中至软，剁碎备用。
3. 将做法1、做法2材料和素排骨，和全部调味料拌匀，倒入盘中，放入水已煮沸的蒸笼中，以中火蒸约30分钟取出，再放上葱丝作装饰即可。

272 咖喱豆腐 蛋奶素

材料

A 蛋豆腐······1盒
　杏鲍菇······100克
B 胡萝卜······30克
　青椒······20克

调味料

椰浆······1/2罐
红曲素食咖喱······4块
糖······1小匙
水······100毫升
奶油······1小匙

做法

1. 蛋豆腐、杏鲍菇和胡萝卜洗净沥干，切片；青椒洗净，切小丁备用。
2. 取锅，加入少许油烧热，放入蛋豆腐和杏鲍菇煎至外观金黄备用。
3. 锅内放入材料B炒香，再加入做法2材料和调味料（奶油先不加入），以小火煮至汤汁变浓稠，起锅前再加入青椒丁和奶油即可。

273 腐乳豆衣卷

材料

腐皮·················· 2张
黄豆芽··············· 500克
香菇················· 300克
金针菇··············· 300克
胡萝卜················ 30克
素火腿················ 30克
发菜················· 少许

调味料

A 酱油膏··············· 1大匙
　糖················· 1大匙
　香油················ 1小匙
　水淀粉··············· 1小匙
　胡椒粉·············· 1/4小匙
　盐················· 1/4小匙
B 红曲豆腐乳··········· 4块
　糖················· 1大匙
　香油················ 1大匙
　水················· 100毫升

做法

1. 将一大张腐皮分切成六小张；金针菇、黄豆芽洗净；香菇洗净，胡萝卜去皮洗净，分别切丝；素火腿切丝；发菜泡水后沥干，备用。
2. 将其余材料放入锅中炒熟，再加入调味料A炒香后放凉。
3. 取一小张腐皮摊平，放入适量的做法2材料，包卷成筒状备用。
4. 取一平底锅，加入少许油，放入做法3的腐皮卷，煎至焦香味溢出，再加入混合拌匀的调味料B、发菜，以小火煮至香味溢出后盛盘，再放入烫熟的菜心（材料外）作装饰即可。

274 素肚煮福菜

材料

A 素肚 …………… 1个
　绿竹笋 …………100克
　福菜 …………100克
　老姜 …………… 5片
　草菇 ………… 50克
B 烫熟上海青 … 50克

调味料

糖 …………… 1小匙
盐 …………… 1小匙
香油 …………… 1大匙
胡椒粉 ………… 1/3小匙
水 …………… 1000毫升

做法

1. 将全部材料洗净，切片备用。
2. 锅内放入老姜片和香油烧热后，放入素肚片爆炒至呈焦香色，再加入绿竹笋、福菜、草菇煮沸后，改转小火煮约5分钟，关火前再加入调味料拌匀盛盘，放上烫熟上海青作装饰即可。

素食美味小贴士

　　绿竹笋盛产于春季，口感清脆鲜甜，是笋中极品，挑选时应选择笋尖弯曲者佳；笋尖直挺者口感较差，且会略带苦涩味。

275 山药煮丝瓜乌鱼子

材料

丝瓜 …………… 200克
山药 …………… 100克
面线 …………… 100克
金菇 …………… 30克
枸杞子 …………… 5克
素乌鱼子 ……… 50克
姜末 …………… 10克
香油 …………… 1大匙

调味料

糖 …………… 1小匙
盐 …………… 1小匙
香菇粉 ………… 1/2小匙
水淀粉 ………… 1小匙
胡椒粉 ………… 1/4小匙

做法

1. 丝瓜去皮去籽，切条；山药去皮，切条；面线浸泡至冷水中；金菇洗净，切去蒂头，备用。
2. 取锅，加入香油爆香姜末，再放入做法1的材料和全部调味料、枸杞子和素乌鱼子煮熟即可。

276 丝瓜寿喜烧 蛋奶素

材料

A 丝瓜·················200克
  山药·················150克
B 美白菇···············50克
  香菇·················50克
  柳松菇···············50克
  金菇·················50克
  杏鲍菇···············50克
  海带·················50克
  胡萝卜···············20克
  甜豆·················20克
C 芝麻·················10克
  鸡蛋·················1个

调味料

A 酱油膏···············2大匙
  味酥·················2大匙
  糖···················1大匙
B 素高汤··········1000毫升
  盐···················1小匙
  胡椒粉···············1/4小匙

做法

1. 丝瓜去皮后对剖，切片；材料B洗净，沥干备用。
2. 山药去皮切条，放入锅内小火爆香，加入调味料A炝锅，再加入调味料B和做法1材料煮沸后，搭配用材料C制成的蘸酱一同食用即可。

277 牛蒡当归煮核桃

材料
牛蒡·······················200克
核桃·······················100克
当归··························10克
枸杞子························10克
花旗参························20克
红枣··························20克
素排骨························50克
香菇··························50克
水······················1500毫升

调味料
糖···························1小匙
盐···························1小匙
胡椒粉······················1/4小匙

做法
1. 牛蒡洗净，不去皮直接切片。
2. 核桃放入沸水中氽烫后，捞起洗净备用。
3. 取锅，放入全部材料煮至沸腾后，改转小火煮约30分钟，加入调味料拌匀即可。

素食美味小贴士
这道菜要使用未经过调味处理的核桃仁，否则会影响调味后的风味。而花旗参比起昂贵的高丽参便宜很多，但风味不减。

278 栗子南瓜

材料
A 南瓜 ············· 200克
B 栗子 ············· 50克
   银耳 ············· 5克
   鲜香菇片 ······· 30克
   蘑菇片 ········· 30克
   姜末 ············· 10克
   青椒丁 ··········· 10克
   红甜椒丁 ········· 10克
   黄甜椒丁 ········· 10克

调味料
糖 ····················· 1大匙
盐 ····················· 1小匙
水 ················· 1000毫升

做法
1. 南瓜洗净不去皮，先去籽再切块。
2. 银耳浸泡在冷水中至涨发，去除蒂头，分剥成小片状；栗子放入沸水中汆烫后备用。
3. 取锅，加入少许油煸香鲜香菇片和蘑菇片，再加入姜末炒香，接着加入其他材料（甜椒丁先不加入）和调味料煮沸后，改转小火煮至南瓜软烂；起锅前再加入青椒丁、红甜椒丁和黄甜椒丁略煮即可。

279 金茸双花菜

材料
西兰花 ·············· 100克
菜花 ················ 100克
金针菇碎 ·········· 50克
素肉臊 ·············· 2大匙
姜末 ················ 20克

调味料
A 糖 ·············· 1小匙
   盐 ·············· 1小匙
   油 ·············· 1小匙
B 酱油膏 ········· 1大匙
   糖 ·············· 1大匙
   香油 ············ 1大匙
   水淀粉 ········· 1大匙

做法
1. 西兰花和菜花洗净，分切小朵备用。
2. 取锅，加入1500毫升水、姜末及调味料A煮至沸腾，放入西兰花和菜花煮熟后，捞出沥干，排入碗中，再倒扣至盘中。
3. 在锅中的汤汁内加入金针菇碎、素肉臊、姜末和调味料B煮沸后，淋在西兰花和菜花上即可。

280 金菇干贝苋菜 蛋奶素

材料
苋菜·······················200克
圣女果·····················30克
杏鲍菇····················100克
金针菇····················100克
姜末·······················10克
水························150毫升

调味料
A 蛋黄·······················1个
  淀粉·····················1大匙
B 糖·······················1小匙
  盐·······················1小匙
  胡椒粉·················1/4小匙
  水淀粉···················1大匙

做法
1. 苋菜洗净，去老梗后留嫩叶；圣女果放入沸水中氽烫去皮。
2. 杏鲍菇洗净，去头后分切小段。
3. 金针菇洗净沥干，切成短段，和调味料A拌匀后，放入热油锅中，炸至外观金黄蓬松，即为素干贝丝。
4. 另取锅，加入少许油，放入姜末爆香，加入150毫升水煮沸后，再放入苋菜和调味料B焖煮至苋菜软熟后盛盘，再撒入素干贝丝即可。

281 花旗参煮银耳

材料

花旗参……………50克
素火腿……………50克
大黄瓜……………200克
银耳………………20克
鲜香菇……………50克
枸杞子……………5克
发菜………………少许
姜丝………………20克

调味料

素高汤……………500毫升
糖…………………1小匙
盐…………………1小匙
水淀粉……………1大匙
香油………………1大匙

做法

1. 花旗参在冷水中稍泡后，放入水已煮沸的蒸笼中，以小火蒸约20分钟至涨发后，取出切细条。

2. 素火腿切细丝；大黄瓜去皮去籽，切细条；银耳浸泡在冷水中至涨发，取出去蒂头后切丝；鲜香菇洗净切细条。

3. 取锅，加入香油，放入姜丝爆香，加入全部的材料和其余的调味料煮至沸腾后，改转小火煮约2分钟即可。

282 什锦菇煮津白

材料

A 大白菜 ········ 200克
B 美白菇 ········· 30克
  柳松菇 ········· 30克
  杏鲍菇 ········· 30克
  鲜香菇 ········· 30克
  金针菇 ········· 30克
  玉米笋 ········· 30克
  胡萝卜片 ······· 20克
  木耳片 ········· 20克
  百叶豆腐 ······· 50克
  西兰花 ········· 30克
  姜末 ············ 10克

调味料

素高汤 ········ 300毫升
糖 ·············· 1小匙
盐 ·············· 1小匙
香油 ············ 1大匙

做法

1. 大白菜洗净，去除菜叶，只留下白菜梗。
2. 将全部材料洗净后，菇类分切成小朵或片；百叶豆腐切片；西兰花分切小朵。
3. 取锅，加入少许香油，放入姜末爆香，再加入全部食材煸香后，倒入素高汤和调味料煮沸，改转小火煮约2分钟，加入少许水淀粉勾薄芡即可。

283 芋香煮鲍菇

材料

A 芋头 ·········· 200克
B 杏鲍菇 ········· 100克
  鲜香菇 ········· 50克
  黄耳 ··········· 20克
C 西芹片 ········· 20克
  姜片 ············ 10克

调味料

A 糖 ············ 1小匙
  盐 ············ 1小匙
  胡椒粉 ········ 1/3小匙
  水 ············ 300毫升
B 花椒粉 ············ 1克

做法

1. 芋头去皮切块；杏鲍菇洗净，切滚刀块；鲜香菇和黄耳洗净，切片。
2. 取锅，加入少许油，放入芋头小火慢煎至外观呈金黄色，放入材料B煎香后，再放入材料C爆香，并加入调味料A煮至芋头软糯，最后加入调味料B煮至沸腾即可。

素食美味小贴士

黄耳是各种木耳中肉质最厚的一种，口感滑嫩且胶质含量多，但价格也相对较为昂贵，如果买不到黄耳，也可以使用银耳替代。

284 香油药膳煮鲍菇

材料

A 杏鲍菇·············150克
  鲜香菇·············100克
B 菜脯···············10克
  枸杞子··············5克
  竹荪················1克
  山药···············20克
  老姜片·············50克

调味料

香油················1大匙
糖·················1小匙
盐·················1小匙
水··············300毫升

做法

1. 杏鲍菇洗净切厚片；鲜香菇洗净切长条；菜脯切长条；山药去皮切厚片；竹荪泡水至软。
2. 取锅，加入香油，以小火爆香老姜片至呈金黄色，倒入做法1的材料炒香后，再加入材料B的其他材料和其余调味料煮至沸腾，改转小火煮约3分钟即可。

285 鲍菇椰浆煮芋头

材料

干香菇	30克
鲍鱼菇	100克
芋头	100克
素排骨	100克
毛豆	30克
姜片	10克

调味料

A 盐	1小匙
糖	1小匙
水	500毫升
胡椒粉	1/4小匙
B 椰浆	1/2罐

做法

1. 干香菇浸泡在冷水中至软；鲍鱼菇洗净切厚片；芋头去皮切片。
2. 取锅，加少许油煎香芋头片和素排骨至外观略呈焦色后，再加入姜片爆香，并放入香菇、鲍鱼菇、毛豆和调味料A，以小火煮至芋头软糯时，加入椰浆煮至沸腾即可。

286 黄耳罗汉斋

材料

A 黄耳 ············ 50克
　黄豆芽 ········· 20克
B 笋片 ············ 30克
　木耳片 ········· 30克
　胡萝卜片 ······ 30克
　草菇 ············ 30克
　面筋 ············ 30克
　面肠 ············ 30克
　香菇 ············ 30克
　素火腿 ········· 30克
　发菜 ············ 少许
　白果 ············ 10克

调味料

A 酱油膏 ········· 2大匙
　酱油 ············ 1大匙
　糖 ·············· 1大匙
　香油 ············ 1大匙
　水 ··········· 300毫升
B 水淀粉 ········· 1大匙

做法

1. 黄耳泡水至涨发后，切小块。
2. 取锅，加入香油和材料B爆香，再加入除水和香油以外的其余调味料A略炒，接着加水以小火焖煮约3分钟，再放入黄豆芽煮2分钟，起锅前加入水淀粉勾薄芡即可。

287 魔芋丝瓜面

材料

魔芋鱿鱼 ········ 150克
美白菇 ············ 50克
百叶豆腐 ········· 50克
丝瓜 ············· 100克
枸杞子 ············ 少许

调味料

糖 ················ 1小匙
盐 ················ 1小匙
香油 ············· 1大匙
水 ············· 200毫升

做法

1. 魔芋鱿鱼洗净，切丝。
2. 美白菇和百叶豆腐洗净，切丝。
3. 丝瓜刨去外皮，留青色外层，再将外层青色部分切成细丝条。
4. 取锅，加入香油和百叶豆腐慢火煸炒出香味后，加入其余材料（丝瓜条先不加入）和所有调味料煮至沸腾，再加入丝瓜条煮约1分钟盛起，加入枸杞子作装饰即可。

288 酒酿桂花红豆

材料

红豆·················100克
紫米··················50克
汤圆··················30克
酒酿··················50克
老姜···················2片
枸杞子·················5克

调味料

花雕酒············2大匙
糖·················2大匙
桂花酱············1大匙
水··············1000毫升

做法

1. 红豆、紫米在水中浸泡30分钟（水约200毫升），加入老姜，放入水已煮沸的蒸笼中，以中火蒸约30分钟后去除老姜备用。
2. 汤圆放入沸水中煮熟后，捞出备用。
3. 将红豆、紫米加入用糖调味的水煮溶后，加入酒酿煮至沸腾，关火前再加入花雕酒和桂花酱和汤圆即可。

289 冬瓜薏米素排骨

材料
冬瓜……………200克
薏米……………100克
当归………………1片
淮山片……………10片
老姜………………3片
枸杞子……………5克
素排骨……………100克

调味料
水……………3000毫升
糖………………1小匙
盐………………1/2小匙
素蚝油……………1小匙

做法
1. 冬瓜洗净去籽不去皮，切厚片。
2. 薏米在冷水中浸泡30分钟，放入水已煮沸的蒸笼中，以小火蒸约30分钟。
3. 取锅，加入水和全部食材煮至沸腾，转小火煮约30分钟后，先捞出老姜，再加入所有调味料拌匀即可。

290 药膳煮丝瓜

材料

丝瓜················200克
淮山················100克
枸杞子·············5克
当归················1/3片
老姜················3片
花旗参·············5片
黑木耳·············20克
甜豆···············20克

腌料

黑香油·············2大匙
糖·················1小匙
盐·················1小匙
水·················100毫升

做法

1. 丝瓜去皮对剖,切薄片备用。
2. 淮山浸泡在冷水中,然后捞出放入水已煮沸的蒸笼中,蒸约15分钟。
3. 黑木耳洗净切小片。
4. 取锅,放入黑香油以小火爆香老姜片,加入水和全部材料以小火煮约2分钟,捞除当归和老姜后,加入糖和盐拌匀,煮至沸腾即可。

291 三丝煮银耳

材料

A 银耳··········20克
　白果··········50克
B 金针菇········30克
　香菇··········30克
　素火腿········30克
　竹笋··········30克
　胡萝卜········30克

调味料

水··············150毫升
糖··············1小匙
盐··············1小匙
酱油············1小匙
水淀粉··········1大匙

做法

1. 银耳泡水至涨发后,剪去蒂头切丝。
2. 将材料B洗净,切成细丝备用。
3. 取锅,放入香油爆香做法2中的材料,加入水和材料A煮至沸腾,再加入糖、盐、酱油和水淀粉煮沸后,放上烫熟的四季豆丝(材料外)即可。

292 天香素鹅

材料

腐皮5张、姜末1小匙、干香菇6朵、金针菇1/2包、胡萝卜10克、榨菜20克、香菜2棵

烟熏料

米1/2杯、细砂糖3大匙、乌龙茶叶1大匙、面粉2大匙、八角1个

调味料

A 淡色酱油3大匙、盐1/2小匙、素高汤粉少许、水200毫升、细砂糖1大匙、胡椒粉1/2小匙

B 香菇素蚝油1大匙、白香油1大匙、盐1/2小匙、细砂糖2小匙

做法

1. 胡萝卜去皮洗净切丝；香菇泡软洗净去蒂切丝；香菜洗净去根部，备用。
2. 热锅，放入少许油烧热，以中火爆香姜末，加入香菇丝、胡萝卜丝以及其余材料拌炒均匀，加入所有调味料B快炒数下拌匀，以少许水淀粉（分量外）勾芡制成内馅，起锅备用。
3. 取3片腐皮对折，在每层间都刷上调味料A，再把内馅包入腐皮卷成条状，摆在盘子上并覆上保鲜膜，再移入蒸笼以大火蒸煮约5分钟后，取出放凉备用。
4. 在锅底摆一张铝箔纸，放入所有拌匀的烟熏料，架上蒸架将腐皮卷放在蒸架上，盖上锅盖以中火腌熏约5分钟，至表面上色后取出待凉，食用前切块即可。

素食美味小贴士
如果担心烟熏后锅盖的清洗问题，可以把锅盖整个用铝箔纸包起来，如此一来就不用刷洗锅盖啰！

293 地瓜粉蒸素排骨

材料
素排骨············300克
地瓜块············150克

腌料
辣豆瓣酱··········2大匙
辣椒酱············1大匙
姜末··············5克
细砂糖············1大匙
素高汤粉··········1/2小匙
蒸肉粉············40克

做法
1. 热油锅至油温约150℃，放入素排骨炸约3分钟，捞出沥干油脂，加入所有腌料腌渍约2小时，备用。
2. 将油锅再次加热至油温约150℃，放入地瓜块油炸约5分钟，捞出沥干油脂备用。
3. 取一蒸笼（或瓷皿），铺上蒸笼纸，摆入炸好的素排骨和地瓜块，放入蒸笼以中火蒸煮约20分钟即可。

素食美味小贴士
　素排骨以香菇蒂制成，过油后外皮微酥口感佳。也可以用面肠取代素排骨，过油则可让面肠口感较滑。由于素排骨已经是熟食，所以蒸煮的时间勿过长，否则会影响口感。

294 黄瓜镶肉

材料
大黄瓜············300克
豆干末············50克
金针菇末··········20克
香菇末············20克
芹菜末············10克
姜末··············10克

腌料
面粉··············2大匙
酱油··············1大匙
胡椒粉············1/2小匙
香油··············1大匙

调味料
盐················1小匙
糖················1小匙
水················200毫升
水淀粉············1大匙
香油··············1小匙

做法
1. 大黄瓜去皮切成1厘米长的段，挖空中间，放入沸水中略汆烫后，捞起泡入冷水中，再捞起沥干备用。
2. 其余材料和腌料混合拌匀，塞入大黄瓜中，排入盘中，放至电锅内蒸15～20分钟（外锅加入1/2杯水）至熟取出。
3. 取锅，将调味料混合煮匀后，淋入已摆好的盘中即可。

295 素蚝油面筋

材料
面筋······100克
姜末······10克
熟笋丁······50克
青豆仁······25克
香油······2大匙
水······300毫升

调味料
素蚝油······2大匙
盐······少许
糖······少许
白胡椒粉······少许

做法
1. 面筋放入沸水中稍微汆烫后，捞出备用。
2. 热锅，加入2大匙香油，先放入姜末爆香，再放入熟笋丁、面筋拌炒均匀。
3. 加入所有调味料和水，煮约10分钟后放入青豆仁拌匀，再稍微煮一下即可。

296 丝瓜蒸金针菇

材料
丝瓜······300克
金针菇······50克
素火腿丝······15克
姜丝······10克

调味料
盐······1/4小匙
白胡椒粉······少许
香油······1大匙

做法
1. 丝瓜去皮，洗净切小片；金针菇去头，洗净切段备用。
2. 将做法1的全部材料、素火腿丝和姜丝放入电锅内锅中，加入1大匙香油拌匀，再放入电锅中。
3. 电锅外锅加1杯水，按下开关煮至开关跳起，加入其余调味料拌匀，焖约1分钟，取出盛入盘中即可。

297 老少平安

材料

A 豆腐 …………………… 3块
　鲜香菇 ………………… 3朵
　鸡蛋 …………………… 1个
　胡萝卜 ………………… 10克
　豆包 …………………… 1块
B 玉米粒 ………………… 少许
　枸杞子 ………………… 少许
　香菜叶 ………………… 少许

调味料

A 淀粉 …………………… 1大匙
　盐 ……………………… 1小匙
　素高汤粉 ……………… 1小匙
　胡椒粉 ………………… 1/2小匙
B 素高汤 ……………… 200毫升

做法

1. 香菇洗净切小丁；胡萝卜去皮洗净切小丁；豆包切碎；豆腐捏碎挤出水分成豆腐泥，备用。
2. 将香菇丁、胡萝卜丁、豆腐泥、豆包碎、鸡蛋和调味料A拌匀备用。
3. 取6支大小一致的瓷汤匙依序抹上少许油，填上豆腐泥刮平，放入蒸笼以中火蒸煮约30分钟，取出倒扣于盘中，以玉米粒、枸杞子以及香菜叶装饰，备用。
4. 将素高汤煮至沸腾，放入材料B再次煮至沸腾后以少许水淀粉（分量外）勾芡，淋在豆腐泥上即可。

298 芋泥蒸大黄瓜

材料
大黄瓜…………400克
芋头……………250克
干香菇……………3朵
胡萝卜……………30克
沙拉笋……………30克
芹菜……………适量

调味料
酱油……………少许
盐……………1/2小匙
糖……………少许
白胡椒粉………1/4小匙
香菇粉……………少许
香油……………少许

做法
1. 芋头去皮洗净、切片，蒸熟压成泥；大黄瓜洗净去皮，切圆圈段去籽；干香菇洗净泡软、切末，备用。
2. 胡萝卜去皮后切末；沙拉笋切末；芹菜去除根部和叶子，洗净切末，备用。
3. 将香菇末、胡萝卜末、沙拉笋末和芹菜末放入芋泥中，加入调味料后搅拌均匀，填入大黄瓜中。
4. 将填好馅的大黄瓜放在蒸盘上，放入蒸锅蒸约25分钟，再焖约2分钟后取出即可。

299 宝黄菜胆

材料
芥菜心……………1支
胡萝卜…………1/2根
蛋黄………………1个

调味料
盐………………1小匙
白胡椒………1/2小匙
素高汤粉………1小匙
水……………300毫升

做法
1. 芥菜心去皮切段，放入蒸笼以中火蒸煮约15分钟；胡萝卜去外皮，剁成细末备用。
2. 将所有调味料调匀，倒入锅中以中小火煮至沸腾，再倒入胡萝卜细末，转至小火微微拌炒至熟后，打入蛋黄马上熄火，将汤汁淋在蒸好的芥菜心段上即可。

素食美味小贴士
蛋黄一加入马上就要熄火，这样胡萝卜泥的口感才能滑嫩可口，如果继续加热，蛋黄就会变得干爽松散，就达不到预期的成果了。

300 佛手白菜

材料

大白菜	1棵
素鱼浆	600克
鲜香菇	2朵
素肉酱	100克
姜末	10克
荸荠	5颗
胡萝卜	10克

调味料

细砂糖	1小匙
胡椒粉	1小匙
香油	1小匙
素高汤粉	1小匙

做法

1. 大白菜叶片剥开；煮一锅沸水，放入大白菜叶片汆烫至软化，捞出泡冷水至冷却，把叶梗过厚处片薄备用。
2. 鲜香菇洗净切碎、荸荠洗净切碎、胡萝卜去皮洗净切碎，备用；素肉酱除去汤汁，备用。
3. 将香菇碎、荸荠碎、胡萝卜碎、素肉酱、姜末、素鱼浆以及所有调味料搅拌均匀，制成内馅备用。
4. 取大白菜叶片包入内馅，卷成长条状，再从中切4刀展开成手掌状，放入蒸笼以中火蒸煮15~20分钟即可。

①

②

③

素食美味小贴士

　　卷白菜卷时，要取用完整的大白菜叶片，其中菜梗和菜叶比例各半者为佳。

301 素金华冬瓜球

材料

冬瓜·····················600克
胡萝卜·····················1根
素火腿·····················50克
姜片·····················3片
素高汤·············200毫升

调味料

盐·····················1小匙
素高汤粉·······1/2小匙

做法

1. 胡萝卜洗净放入锅中，加入淹过胡萝卜2~3厘米的水，以中火煮约30分钟，取出放凉备用。
2. 取冬瓜和胡萝卜，以挖球器挖出冬瓜球（10~15颗）和胡萝卜球（5~6颗），再将剩余的冬瓜去皮放入果汁机中打碎，倒入碗中与素高汤、冬瓜球、胡萝卜球一起蒸煮约40分钟。
3. 热锅，加入少许色拉油，以中火爆香姜片后捞除，再将做法2蒸煮好的汤汁倒入锅中，加入所有调味料和素火腿，以小火煮至沸腾，熄火。
4. 取冬瓜球与胡萝卜球摆盘，剩余汤汁以少许水淀粉（分量外）勾芡，淋入盘中即可。

302 荸荠镶油豆腐

材料

油豆腐	10块
荸荠	6颗
口蘑	70克
胡萝卜末	30克
熟土豆	60克
姜末	10克
橄榄油	1大匙

调味料

盐	1/4小匙
香菇粉	少许
白胡椒粉	少许

做法

1. 将油豆腐剪去一面的皮备用；荸荠去皮后拍扁、切末；口蘑洗净、切末；熟土豆切碎，备用。
2. 热锅，加入1大匙橄榄油，放入姜末、口蘑碎炒香，再加入胡萝卜末、荸荠末拌炒均匀，续加入所有调味料、熟土豆碎拌炒均匀成馅料。
3. 将炒好的馅料填入做法1的油豆腐中，放入蒸锅中蒸约15分钟，再焖约2分钟，摆上洗净的香菜叶（材料外）即可。

素食美味小贴士

选择油豆腐时可以闻闻看，以有天然的黄豆香且没有腐臭酸味的油豆腐为佳，买回家若没有立即烹煮，记得一定要冷藏，因为豆类制品在常温或高温下容易发酵，不马上冷藏很快就会发酸不能使用。

303 好彩头

材料

白萝卜················400克
胡萝卜················150克
玉米·····················1根
素香菇丸············150克
水··················1300毫升
香菜·····················适量

调味料

盐·······················1小匙
白胡椒粉················少许
香油·····················少许

做法

1. 白萝卜和胡萝卜洗净，去头去皮切块；玉米洗净切块备用。
2. 取汤锅，加入水煮沸，放入白萝卜块、胡萝卜块和玉米块煮沸，再转小火煮约30分钟。
3. 再放入香菇素丸煮约2分钟。
4. 最后加入所有调味料煮匀，再放入香菜即可。

素食美味小贴士

冬天的白萝卜盛产且味道鲜甜，是用来做年菜的好食材。如果在非产季买的白萝卜有时候会有一股苦味，可以在煮白萝卜的时候放1小匙白米一起煮，这样白萝卜就会变得比较鲜甜。

304 发菜羹汤

材料
发菜少许、姜片3片、小白菜1棵、香菇4朵、胡萝卜1根、素火腿6片、黄花菜少许、素蟹肉棒3支、香菜少许、熟珍珠少许

调味料
A 素高汤50毫升、盐1/4小匙、色拉油1小匙

B 素高汤1200毫升、盐1.5小匙、细砂糖1小匙、素乌醋1小匙、白醋1小匙、香油1小匙、胡椒粉1小匙

做法
1. 发菜洗净沥干水分，加入调味料A拌匀，放入蒸笼或电锅蒸煮约15分钟后，取出备用。
2. 小白菜洗净切小段；香菇洗净泡软切丝；胡萝卜去皮洗净切丝；素火腿洗净切丝；黄花菜洗净泡软，备用。
3. 热锅，加入少许油烧热，以中火爆香姜片后捞除，放入香菇丝、素火腿丝及胡萝卜丝，拌炒至香味四溢。
4. 锅中加入素高汤和调味料B（香油除外），以中火煮至沸腾，再加入小白菜段、黄花菜及素蟹肉棒煮至沸腾。
5. 加入少许水淀粉勾薄芡，再洒上香油并放入发菜和熟珍珠即可。

305 素肉羹

材料
香菇梗30克、姜末10克、大白菜丝300克、胡萝卜丝30克、黑木耳丝25克、竹笋丝30克、豆薯丝25克、水600毫升、水淀粉适量、芹菜末10克

腌料
盐少许、酱油少许、白胡椒粉少许、水少许、地瓜粉少许

调味料
盐1/2小匙、香菇粉少许、糖1/2小匙、素乌醋少许、白胡椒粉少许、香油少许

做法
1. 香菇梗洗净泡软，捞起沥干后拍松，加入腌料一起拌匀，腌约15分钟备用。
2. 热一锅油，将腌好的香菇梗放入油锅中，炸约1分钟后捞出沥油，即为素肉羹备用。
3. 热锅，倒入2大匙橄榄油（材料外），加入姜末爆香，放入胡萝卜丝、大白菜丝、黑木耳丝、竹笋丝、豆薯丝拌炒均匀。
4. 锅中加入水，煮约5分钟后，加入调味料、放入素肉羹煮沸，1分钟后以水淀粉勾薄芡，撒上芹菜末即可。

306 香华什锦汤

材料
素火腿片··············3片
金针菇··············少许
鲜香菇··············5朵
胡萝卜··············1/2根
豆腐··············1块
半天笋··············1/2支
牛蒡片··············10片
素鱼丸··············10颗
卤白萝卜··············1/2根
枸杞子··············1大匙
红枣··············10个
山药··············1段
素高汤··············1200毫升

调味料
盐··············1小匙
素高汤粉··············1小匙

做法
1. 金针菇洗净去尾端；鲜香菇洗净切块；胡萝卜洗净去皮切小块；豆腐切小丁；半天笋洗净切小块；山药洗净去皮切小块；卤白萝卜切块备用。
2. 煮一锅沸腾的水，依序将素火腿、鲜香菇块、胡萝卜块、卤白萝卜块、豆腐丁、半天笋块、山药块、牛蒡片以及素鱼丸下锅汆烫后，捞起备用。
3. 另备一锅，加入素高汤和所有调味料煮至沸腾，再加入做法2的所有材料、金针菇、牛蒡片、素鱼丸、枸杞子以及红枣，以小火煮至所有材料熟透即可。

素食美味小贴士
想要煮出清澈回甘的汤头其实并不难，只要先将食材依照易熟度下锅汆烫，就能减少汤头的杂质，之后再以小火熬煮更能避免汤头混浊不清。

料理蔬食的 小关键

1. 其实无论荤素，都应尽量低糖、低脂、少油、少盐、高纤，多选择清蒸、汆烫、凉拌的方式来保留食物中完整的维生素。

2. 选用素食加工品时，注意标示成分与化学剂的用量，多选用天然成分较多的加工品。

3. 没有农药、化肥污染的有机蔬菜，尽量以生鲜的方式料理，才能摄取到较多的维生素；蔬菜、水果，可选择有认证的品牌或标志，以保证农药残余在安全范围内。若无法查清残留农药是否合乎标准，最好将蔬果在室温下放几天，让农药逐渐分解之后再吃。

4. 五谷类配合豆类一起吃，使氨基酸产生互补作用，可以提高蛋白质的品质；玉米加入白米煮饭、吐司上抹花生酱，都是很好的例子。

307 香油山药豆包汤

材料

山药	250克
豆包	80克
姜	30克
水	1000毫升
枸杞子	10克

调味料

香油	2大匙
酱油	1大匙
糖	1小匙

做法

1. 山药、姜洗净去皮后切成块，豆包稍微冲洗后，切成块状，备用。
2. 姜片与香油一起炒香，放入山药和豆包，加上其他调味料和水一起煮5分钟。
3. 起锅前倒入枸杞子即可。

素食美味小贴士

若喜欢姜浓郁的香气，可以先用色拉油将姜片爆香至金黄色，再加入香油，比较不容易有苦味。

308 药膳食补汤

材料
草菇50克、金针菇30克、柳松菇80克、白果20克、百叶结60克、水1000毫升

中药材
人参须10克、枸杞子5克、淮山10克

调味料
盐1小匙、糖1/2小匙

做法
1. 草菇、柳松菇洗净；金针菇洗净去蒂头；人参须洗净擦干水分；淮山洗净，备用。
2. 取锅，倒入水煮沸后，将做法1的所有菇类、白果及百叶结放入锅中，氽烫片刻后捞起。
3. 续将所有中药材放入做法2的锅中煮15分钟后，再将做法2的食材加入，以中小火煮约10分钟。
4. 起锅前加入所有调味料即可。

素食美味小贴士
　　菇类及素料往往都会有一股薯类生涩的味道，若直接入锅烹煮，很容易影响汤的口感，最好先将其氽烫过再烹煮，风味更佳。

309 素当归鸭汤

材料
素鸭肉……………… 1块
素高汤………… 1200毫升
玻璃纸……………… 1张
干香菇……………… 6朵
莲子……………… 20粒

中药材
当归……………… 5
红枣………… 10~12
桂圆肉……………… 10
山药……………… 1
白果……………… 1
米酒………… 600毫
参须

调味料
盐……………… 1小匙
素高汤粉………… 1小匙

做法
1. 素鸭肉切块，放入沸腾的水中略为汆烫，捞起备用。
2. 取1炖盅，加入所有材料、中药材以及调味料，上玻璃纸后放入蒸笼，待蒸锅中的水煮至沸腾，改以小火继续蒸煮约1小时即可。

素食美味小贴士
当归可以补气活血、润燥滑肠，一般用于炖煮汤品时，多半会加上其他中药材以复方共同炖煮，除了增加香气外，药效也有相辅相成的效果。

310 药炖甲鱼汤

材料
药炖排骨肉药包… 1包
素甲鱼 ………… 300克
山药……………… 200克
姜片……………… 3片
水 ……………… 4杯

调味料
米酒……………… 1大匙
盐……………… 1小匙

做法
1. 素甲鱼切块；山药削去外皮，切块备用。
2. 取一深锅，加入水、姜片、药包以大火煮至沸腾，转小火继续炖煮10分钟后，放入素甲鱼块继续煮10分钟，再加入山药与调味料以小火炖煮10分钟即可。

素食美味小贴士
长期吃蔬食又怕冷的人，最适宜以药炖甲鱼作为冬季的养生补品，另外口味较重的人可放入整条拍碎的姜一起熬煮，起锅前再取出即可。这里用的药包内有素排骨肉，也可买只有药材的药包来料理，一般在素食材料商店都能买得到。

311 素食什锦蔬菜锅

芦笋3根、南瓜50克、白萝卜1/2个、绿栉瓜1/3条、玉米笋3根、西红柿1个、西兰花50克、红苋菜50克、魔芋丝50克

蔬菜高汤1300毫升、盐2小匙、香菇粉1小匙

1. 芦笋洗净去皮；南瓜、白萝卜去皮切小块；绿栉瓜洗净切片；西红柿洗净切块；西兰花洗净切小朵；红苋菜洗净切段，备用。
2. 将南瓜、白萝卜、绿栉瓜、西红柿、玉米笋、魔芋丝放入锅中，加入蔬菜高汤和其他所有调味料炖煮20分钟，再加入红苋菜及西兰花烫熟即可。

素食美味小贴士

红苋菜煮了之后汤头会变成淡紫色，煮得越久颜色越深，如果不希望汤头变色或是不喜欢这种颜色蔬菜的人，也可以换成白苋菜，风味一样，但可避免汤头染色。

312 鸳鸯素锅

红椒1个、色拉油2大匙、姜片2片、素高汤600毫升

酱油1大匙、辣椒油2大匙、豆瓣酱1大匙、朝天椒粉1小匙、辣椒粉1/2小匙、香菇精1小匙、冰糖适量、盐少许

1. 红椒洗净切片备用。
2. 锅中入色拉油加热，放入花椒粒并以小火爆香后过滤，接着放入红椒片和姜片，以小火爆香。
3. 再次过滤，倒入素高汤与所有红锅调味料，即可放入火锅材料煮熟食用。

白菜200克、素高汤600毫升

盐1/2小匙、冰糖1/2小匙

锅中倒入素高汤与所有白锅调味料，即可放入火锅材料煮熟食用。

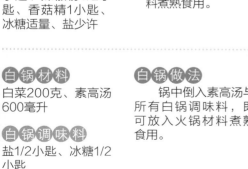

炖卤素食料理 篇

Vegetarian food

素食料理常会用到一些素料，
而这些素料正好非常适合炖卤，
本篇就教你以各种素的卤汁，
轻松卤出素食美味。
当然除了卤汁之外，
各种食材卤得好吃的决窍也会一并告诉你！

Stew
Boil

创意卤包 更有意思

就是要卤出和别人不一样的好味道

万用卤包

材料：
八角3钱、小茴香5钱、陈皮1钱、花椒2钱、甘草3片、丁香1钱、桂皮1钱、三奈1钱、桂枝2钱、草果1颗、棉布袋1个

做法：
将卤包材料一起装入棉布袋中，绑紧后敲碎即可。

烹调小叮咛：
卤时卤包必须先加入米酒及水浸泡，让中药成分释出，再加入喜欢的食材。

素牛肉汤卤包

材料：
小茴香3钱、陈皮1钱、桂枝2钱、桂皮1钱、丁香2钱、甘草2片、棉布袋1个

做法：
将所有材料放入棉布袋中即可。

烹调小叮咛：
中药分量不可过多，以免药味过重。

紫苏清香卤包

材料：
新鲜紫苏1两、西芹1片、罗勒3棵、棉绳1段、大蒜3瓣

做法：
将所有材料用棉绳一起绑紧，卤时再加入大蒜即可。

茶香卤包

材料：
茶叶1匙、八角5钱、桂皮2钱、甘草2片、花椒2钱、棉布袋1个

做法：
将所有材料放入棉布袋中即可。

桔香卤包

材料：
小茴香3钱、陈皮1钱、桂皮1钱、桂枝2钱、丁香2钱、甘草2钱、棉布袋1个、棉绳1小段

做法：
将所有材料后放入棉布袋中，卤时再加入金桔即可。

咖喱卤包

材料：
小茴香3钱、陈皮1钱、桂枝2钱、桂皮2钱、甘草2片、肉桂1钱、八角3粒、咖喱粉1匙、棉布袋1个

做法：
将所有材料放入棉布袋中即可。

五香豆干

将五香豆干放入煮沸的卤汁中,用小火卤约20分钟,食用前切成小片,再用卤汁稍微烫过即可。

海带

将海带放入煮沸的卤汁中,用小火卤约20分钟(在所有卤味中,要最后放),取出后拔掉牙签,再切成适当大小即可。

豆腐皮

将豆腐皮切成长段,放入煮滚的卤汁中,用小火卤约15分钟即可。

豆皮卷

将豆皮卷切段,放入煮沸的卤汁中,用小火卤约15分钟即可。

素食材

怎么卤最好吃

素食食材用来做加热卤味非常简单,只要将卤汁煮沸后放入食材,依照本单元建议的时间以小火卤至入味后,取出切适当大小,再淋上卤汁与蘸酱就可以享用啦!

黑豆干

将黑豆干放入煮滚的卤汁中,用小火卤约20分钟,食用前切成小片,再用卤汁稍微烫过即可。

百叶豆腐

将百叶豆腐对切,然后切成小片,放入煮沸的卤汁中,用小火卤约20分钟即可。

卤蛋

将鸡蛋洗净,放入锅中,加水盖过鸡蛋,加入1小匙盐,先用大火煮沸,再转小火煮10分钟至熟。捞出用冷水冲凉,剥去蛋壳,再放入煮沸的卤汁中,用小火卤约20分钟,熄火再闷10分钟即可。

科学面

打开包装,将面条放入煮沸的卤汁中,用大火卤约3分钟即可。

253

313 参须炖素鸡

材料

A 素鸡 ··················1只
　水 ··················600毫升
B 参须 ··················30克
　红枣 ··················10颗
　黄芪 ··················15克
　枸杞子 ··············10克

调味料

米酒 ··················50毫升
盐 ··················少许

做法

1. 将材料B的所有中药洗净沥干。
2. 将素鸡放入电锅内锅中，加入做法1的中药，再加入米酒，倒入水，放入电锅中。
3. 电锅外锅加入1.5杯水，煮至开关跳起，再焖5分钟。
4. 加入少许盐即可。

注：此料理有加米酒，不食酒类者，可斟酌使用。

素食美味小贴士

如果懒得去配这些中药材，现在市场上的干货店、中药行或是超市，都买得到包装好的炖补药包。这道菜就可以选用人参鸡的药包，能省去许多麻烦的手续。

314 山药素羊肉

材料

山药⋯⋯⋯⋯⋯400克
素羊肉⋯⋯⋯⋯200克
姜片⋯⋯⋯⋯⋯15克
枸杞子⋯⋯⋯⋯10克
水⋯⋯⋯⋯⋯1200毫升
香油⋯⋯⋯⋯⋯2大匙

调味料

盐⋯⋯⋯⋯⋯少许
米酒⋯⋯⋯⋯100毫升

做法

1. 山药去皮洗净切块备用。
2. 锅烧热，加入2大匙香油，放入姜片爆香。
3. 再放入山药块，加入米酒和水煮沸，以小火煮10分钟。
4. 放入枸杞子、素羊肉和所有调味料，炖煮入味即可。

注：此料理有加米酒，不食酒类者，可斟酌使用。

卤味好吃就看卤包

姜要用香油来爆香，风味才会浓郁，最好选用黑香油，味道更是加分。而山药建议使用台湾山药口感较松软，适合用来炖煮。

315 圣女果银耳炖蔬菜

材料

银耳·····················15克
圣女果··················50克
胡萝卜··················40克
圆白菜··················200克
菜花·····················150克
西芹·····················100克
姜片·····················10克
水·····················600毫升

调味料

盐·····················1/2小匙
香菇粉··················1/4小匙
冰糖·····················少许
白胡椒粉················少许

做法

1. 银耳洗净、泡软，切去蒂头后切成小朵状；圣女果洗净；胡萝卜去皮、切片；圆白菜洗净切片；菜花洗净切小朵；西芹去除粗丝后切片，备用。
2. 取一锅，加入水煮沸后，放入银耳、圣女果煮约10分钟，再加入胡萝卜片、圆白菜片、菜花和西芹片，煮约15分钟。
3. 加入所有调味料，拌匀后将所有材料煮至入味即可。

316 茄汁红白萝卜球

材料

白萝卜·············300克
胡萝卜·············150克

调味料

番茄酱·············3大匙
砂糖·············1大匙
水·············200毫升

做法

1. 白萝卜和胡萝卜用挖球器挖成圆球状，放入沸水中焖炖约25分钟至软备用。
2. 取锅，加入做法1材料和调味料煮至汤汁略干即可。

素食美味小贴士

胡萝卜和白萝卜不仅容易取得，而且还可以在用挖球器轻松挖出圆球后，再入锅烹煮成丰富的美味。

317 土豆炖胡萝卜

材料

土豆·················250克
胡萝卜···············100克
西兰花··············50克
姜片·················15克
水···················500毫升

调味料

海带酱油·········2大匙
味醂···············2大匙
米酒···············1大匙
香油···············1大匙

做法

1. 土豆和胡萝卜各去皮切块;西兰花洗净,去除粗丝后切成小朵,放入沸水中略为汆烫,再捞起沥干,备用。
2. 取一锅,锅中加水煮沸后,放入姜片、土豆块、胡萝卜块煮沸,加入所有调味料拌匀,以小火炖煮约25分钟,再加入西兰花略煮即可。

素食美味小贴士

炖煮土豆和胡萝卜时,建议不要切太小块,以免土豆太过软烂而不好吃,若担心切块煮不软,也可以稍微汆烫后再放入锅中炖煮,这样可以缩短炖煮的时间。

318 萝卜炖草菇

材料

白萝卜···········300克
草菇·············80克
姜···············10克
莲子·············60克
白果·············50克
橄榄油···········2大匙
水···············600毫升

调味料

香菇鲜美露·······少许
盐···············1/2小匙
冰糖·············少许
米酒·············1小匙
白胡椒粉·········少许

做法

1. 白萝卜去皮洗净、切块;草菇去蒂洗净;姜洗净切片,备用。
2. 热锅,加入2大匙橄榄油,放入姜片爆香,再加水煮沸后,放入白萝卜块、莲子,煮约20分钟。
3. 加入白果、草菇和所有调味料,炖煮至所有材料入味即可。

319 牛蒡炖山药

材料

牛蒡	200克
山药	300克
红枣	8颗
甜豆荚	适量
姜片	10克
水	500毫升

调味料

酱油	1小匙
盐	1/2小匙
香菇粉	1/4小匙
米酒	少许
香油	少许

做法

1. 红枣洗净；甜豆荚挑去头尾后洗净；山药和牛蒡去皮、洗净后切块。
2. 取一炖锅，加水煮沸后，放入红枣、山药块、牛蒡块和姜片，炖煮约20分钟。
3. 加入所有调味料，将所有材料炖煮入味，再入甜豆荚煮熟即可。

素食美味小贴士

牛蒡含有丰富的纤维质，常被用来切丝做小菜，但其实也很适合切块卤炖，如果担心牛蒡褐化影响外观及味道，去皮切开后可以泡入水中一小段时间，再下锅卤炖，这样就不会煮出来黑黑的，影响料理的成色和味道了。

320 咖喱百叶

材料

百叶豆腐	200克
胡萝卜	100克
土豆	200克
姜	5克
水淀粉	适量

调味料

咖喱粉	1大匙
盐	1/2小匙
细砂糖	1/4小匙
高鲜味精	少许
水	600毫升
椰浆	1大匙

做法

1. 百叶豆腐洗净切块；胡萝卜、土豆洗净去皮切块；姜洗净切末，备用。
2. 热油锅至油温约160℃，放入百叶豆腐块油炸约1分钟，捞出沥油备用。
3. 另热一锅倒入少许葵花籽油，爆香姜末，放入咖喱粉炒香，再放入土豆块、胡萝卜块煮约15分钟，接着放入百叶豆腐块和盐、细砂糖、高鲜味精、水煮至入味。
4. 倒入椰浆拌匀，接着倒入水淀粉勾芡即可。

321 竹笋香菇魔芋

材料
竹笋·················250克
干香菇···············6朵
姜片·················10克
魔芋·················80克
水··················400毫升

调味料
盐··················1/2小匙
冰糖················少许
米酒················少许
淡酱油··············1小匙

做法
1. 竹笋剥去外壳、粗边再切块；魔芋切条，备用。
2. 将竹笋块、干香菇、姜片和水放入电锅内锅中，在外锅中加1杯水煮至开关跳起，焖约5分钟后打开电锅盖。
3. 加入魔芋条、所有调味料，再在外锅加1/3杯热水，炖煮至入味即可。

322 乳汁焖笋

材料
竹笋·················300克

调味料
A 辣腐乳··········25克
  砂糖············1大匙
  水············400毫升
B 水淀粉··········1小匙
  香油············1小匙

做法
1. 竹笋洗净切长块后，切十字花刀，放入沸水中略氽烫后，捞起沥干。
2. 取锅，加入少许油，加入竹笋块和调味料焖煮至汤汁略收，加水淀粉勾薄芡，淋入香油即可。

素食美味小贴士
　　竹笋切块后，再切十字花刀，在入锅焖煮时，可让其更容易入味，吃的时候口感也更佳。

323 黑豆卤豆轮

材料

黑豆	100克
豆轮	150克
姜	15克
干辣椒	5克
八角	2粒
橄榄油	1大匙
水	600毫升

调味料

盐	1/2小匙
酱油	1大匙
冰糖	1小匙
米酒	1大匙

做法

1. 黑豆洗净，泡水6小时沥干；豆轮泡水，捞起沥干；姜洗净切片，备用。
2. 热锅，加入1大匙橄榄油爆香姜片，再放入干辣椒、八角炒香，接着放入黑豆、豆轮，加水煮沸后改转小火煮约30分钟。
3. 放入调味料，炖卤至所有材料入味即可。

素食美味小贴士

做这道菜时，黑豆最好先泡5~6小时，以免在烹煮时煮不软。豆轮在选购时要注意是否油味过重，油味重代表豆轮已经不够新鲜，烹煮起来会不好吃。

324 南瓜煮

材料

南瓜	500 克
姜	15克
橄榄油	2大匙
水	350毫升

调味料

盐	1/2小匙
糖	1/4小匙
白胡椒粉	少许

做法

1. 南瓜洗净切开，去籽后切块；姜切片，备用。
2. 热锅，加入2大匙橄榄油，放入姜片爆香，再放入南瓜块拌炒均匀，最后加水煮沸，改转小火煮约15分钟。
3. 加入所有调味料拌匀，炖煮至南瓜入味即可。

素食美味小贴士

南瓜若整个没有处理过，是可以存放很久的蔬菜。若购买的是已经切成小块的南瓜，没及时食用完时记得去籽，并用保鲜膜包覆好放入冰箱冷藏，即可延长保存的时间。

325 药膳炖鳗鱼

材料

豆包6块、腐皮3张、海苔4张、姜片10克、当归10克、川芎10克、党参15克、红枣10颗、黄芪15克、枸杞子10克、面糊少许、水600毫升

调味料

盐1/2小匙、米酒1大匙

做法

1. 先将豆包抹上少盐和白胡椒粉（材料外），取一张海苔片垫底，将1又1/2张抹匀的豆包放在海苔上后卷起，于尾端涂上少许面糊后卷紧。重复上述步骤至腐皮和海苔用毕。
2. 将做法1的材料放至腐皮上卷起，在尾端涂上少许面糊后卷紧，再放入蒸锅中蒸约5分钟，取出放凉后切段，放入油锅中炸约1分钟至表面呈金黄色后捞起沥油，制成素鳗鱼备用。
3. 将当归、川芎、党参、红枣、黄芪和枸杞子洗净，放入锅中，倒入水、放入姜片煮约10分钟后，再加入素鳗鱼、所有调味料，将材料炖煮入味即可。

用豆包制作素鳗鱼

素食美味小贴士

腐皮是由黄豆衍生的形品，多半以干燥的形式出售，用来卷入各式食材，使用时要用干腐皮包入内馅，若用湿腐皮包，会很容易让破裂。

261

326 椰香芋头煲

材料

芋头 ···················· 600克
干香菇 ··················· 5朵
芹菜 ···················· 适量
椰奶 ···················· 100毫升
水 ····················· 500毫升

调味料

盐 ····················· 1/2小匙
糖 ····················· 1/4小匙
香菇粉 ················· 1/4小匙
白胡椒粉 ················· 少许

做法

1. 芋头去头尾、去皮后，先切厚片，略冲洗沥干；干香菇洗净，泡软后切丝；芹菜去叶后切段，备用。
2. 热锅，加入2大匙油，放入香菇丝和芋头片炒香后，加水炖煮约15分钟。
3. 加入椰奶和调味料煮至入味，再放入芹菜段略煮即可。

素食美味小贴士

芋头的种类极多，富含营养价值，不仅可制作成甜汤更可入菜。选购芋头，新鲜是关键，购买时可以用指甲轻按芋头的底部，有白色粉质者为佳。芋头最为令人喜爱的地方就是其松软口感以及独特的香味，不论是甜还是咸都十分可口。

327 素卤味

材料
胡萝卜1条、白萝卜1条、素豆鸡2个、鲜香菇6朵、素肉3块、口蘑6朵、素肚1个

卤汁
卤包1包、酱油200毫升、辣豆瓣酱3大匙、姜6片、红椒3个、细砂糖100克、素高汤粉1大匙、香菇粉1小匙、浓缩卤浆1大匙、水2000毫升

做法
1. 将所有卤料一一洗净，将胡萝卜、白萝卜、素豆鸡、素肉、素肚切成适当大小，备用。
2. 起油锅，爆香姜片、红椒、辣豆瓣酱，再加入水及其他调味料以中小火煮至沸腾后，转小火继续煮约40分钟，分别放入切好的卤料，以小火卤约40分钟后熄火，继续闷约30分钟至入味即可。

263

328 素香菇卤肉汁

材料
鲜香菇·············12朵
素肉·············400克
酱瓜·············1块
香菜·············1棵

调味料
五香粉·············1小匙
素蚝油·············300毫升
冰糖·············1小匙
水·············700毫升

做法
1. 素肉先用水泡软，再将水分挤干，切细末备用。
2. 香菇、香菜分别洗净切碎；酱瓜切成碎末备用。
3. 热油锅，放入香菇碎以中火炒香，再将素肉末放入锅中炒香，再加入酱瓜、五香粉、素蚝油、冰糖、水，改转大火煮沸。
4. 将煮沸的材料倒入砂锅，以小火慢卤30分钟即可。
5. 起锅时撒上香菜，即为素香菇卤肉汁。

329 素香油豆腐

材料
油豆腐·············3块
青葱·············1根
红椒·············1个
八角·············1粒
姜片·············2片
水·············100毫升

调味料
素香菇卤肉汁500毫升

做法
1. 油豆腐用水冲洗去油；青葱、红椒分别洗净，切段备用。
2. 砂锅中放入所有材料，以大火煮沸后，改转小火慢卤20分钟熄火，盖上锅盖再闷10分钟即可。

素食美味小贴士
素肉是以大豆纤维、小麦蛋清、油、淀粉等素材制成的，富含不饱和脂肪酸，高品质的植物性蛋清质、维生素、矿物质等，能降低胆固醇。素肉使用前先泡水可去除豆腥味，适合煎、炒、煮、炸各式做法。

330 香菇茭白

材料
干香菇……………6朵
茭白………………2根
水………………100毫升

调味料
素香菇卤肉汁··300毫升
（做法请见p264）

做法
1. 香菇洗净、泡软，表面切十字花；茭白剥去外壳，洗净切片备用。
2. 锅中倒入素香菇卤肉汁与水，以大火煮沸，再放入做法1的材料，转小火焖煮5分钟即可。

331 笋香魔芋

材料
竹笋…………… 1根
魔芋…………300克
水…………200毫升

调味料
素香菇卤肉汁
……………400毫升
（做法请见p264）
盐………………1/2小匙

做法
1. 竹笋去皮洗净，切滚刀块；魔芋放入沸水汆烫后捞起，用冷水冲洗备用。
2. 锅中放入素香菇卤肉汁、水、盐煮开后，加入竹笋，转小火煮至竹笋快熟时，放入魔芋再焖煮10分钟至入味即可。

332 味噌南瓜卤面筋

材料
南瓜…………1/4个
（约200克）
面筋…………… 50克
味噌…………… 1大匙
水…………200毫升

调味料
素香菇卤汁··300毫升
（做法请见p264）

做法
1. 南瓜去皮切滚刀块；面筋在沸水中汆烫去油备用。
2. 锅中放入南瓜块、味噌、素香菇卤肉汁与水，煮开后转小火继续煮15分钟，再放入面筋煮10分钟即可。

炖卤素食

265

333 蔬菜卤汁

材料
圆白菜300克、胡萝卜100克、白萝卜50克、西芹50克、土豆50克、姜40克、香菜10克、甘蔗300克、水8000毫升、色拉油适量

卤汁
八角5克、花椒3克、甘草5克、小茴香5克、草果10克

调味料
盐100克、酱油300克、冰糖100克

做法
1. 甘蔗洗净，放在火炉上火烤，待烤至香气飘出关火。
2. 将烤好的甘蔗剁成块状；所有卤包材料用水冲洗后，装进棉布袋并放入锅中，备用。
3. 圆白菜剥成叶洗净；胡萝卜、白萝卜、土豆去皮，切块；姜洗净切块后，把所有材料放入锅中。
4. 放入所有调味料，以小火将蔬菜煮软后，用漏勺将蔬菜捞出，放入调理机中打成泥，将蔬菜泥放入卤汁中搅拌均匀。
5. 倒入色拉油拌匀以增加卤汁香气及滑润度，最后以小火慢熬1小时30分钟即为蔬菜卤汁。

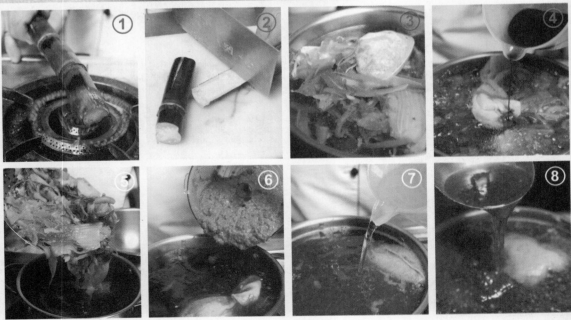

334 卤红白萝卜

材料
胡萝卜⋯⋯⋯⋯600克
白萝卜⋯⋯⋯⋯600克
香油⋯⋯⋯⋯⋯少许

调味料
蔬菜卤汁⋯1800毫升
（做法请见p266）

做法
1. 胡萝卜、白萝卜削皮洗净，放入沸水中烫约20分钟去生味，备用。
2. 将蔬菜卤汁煮至沸腾，放入胡萝卜、白萝卜，以小火卤约20分钟，熄火浸泡30分钟捞起。
3. 食用前切成大圆块，再淋上香油即可。

335 卤杏鲍菇

材料
杏鲍菇⋯⋯⋯⋯100克
香油⋯⋯⋯⋯⋯适量

调味料
蔬菜卤汁⋯⋯500毫升
（做法请见P266）

做法
1. 杏鲍菇洗净，用干净的布吸干水分，切成滚刀块，备用。
2. 将蔬菜卤汁煮至沸腾，放入杏鲍菇块，以中火卤约2分钟捞起。
3. 食用前淋入香油拌匀即可。

336 卤海带

材料
海带片............300克
白醋................少许
香油................少许

调味料
蔬菜卤汁......600毫升
（做法请见p266）

做法
1. 海带片洗净卷起来以牙签固定，备用。
2. 取锅，将海带片放入滴有白醋的沸水中氽烫后，捞起沥干。
3. 将蔬菜卤汁煮至沸腾，放入海带片，以小火卤约10分钟，熄火浸泡10分钟捞起。
4. 食用时，将海带片斜切成块并淋上香油拌匀即可。

337 卤素鸡、素鱼

材料
素鸡................200克
素鱼................3片
香油................适量

调味料
蔬菜卤汁......600毫升
（做法请见p266）

做法
1. 素鸡、素鱼洗净沥干备用。
2. 将蔬菜卤汁煮至沸腾，放入素鸡、素鱼，以小火卤约10分钟，熄火浸泡20分钟后捞起。
3. 食用前将素鸡切片，再淋入香油拌匀即可。

338 卤面肠

材料
面肠................100克

调味料
蔬菜卤汁......500毫升
（做法请见p266）

做法
1. 面肠洗净沥干备用。
2. 热锅，倒入适量热色拉油，待油温热至约150℃，放入面肠略炸至呈金黄色后捞出。
3. 将蔬菜卤汁煮至沸腾，放入面肠，以小火卤约5分钟，再熄火浸泡15分钟捞起即可。

339 卤绿白西兰花

(材料)
西兰花·····················50克
菜花·······················50克

(调味料)
蔬菜卤汁··········500毫升
（做法请见p266）
盐水·······················适量
香油·······················适量
姜末酱·····················适量

(做法)
1. 菜花、西兰花先用剪刀剪成一朵朵，再削去粗纤维，放入盐水中泡约5分钟后捞出沥干，备用。
2. 将蔬菜卤汁煮至沸腾，放入菜花、西兰花，以中火卤2~3分钟捞起。
3. 食用前淋入香油及姜末酱拌匀即可。

姜末酱
材料:
姜末·····················50克
酱油膏···············400毫升
糖·······················30克
水·····················300毫升

做法:
将所有材料拌匀即可。

340 卤芦笋

材料
芦笋·················150克

调味料
蔬菜卤汁······600毫升
（做法请见p266）
姜末酱·············1大匙
（做法请见P269）

做法
1. 芦笋削去根部及粗纤维，洗净切成段，备用。
2. 将蔬菜卤汁煮至沸腾，放入芦笋段，以中火卤约2分钟捞起。
3. 食用前淋入姜末酱拌匀即可。

341 卤土豆

材料
土豆·················300克

调味料
蔬菜卤汁······500毫升
（做法请见p266）

做法
1. 土豆洗净去皮，切滚刀块，泡水备用。
2. 热锅，倒入适量热色拉油，待油温热至约140℃，放入土豆块略炸至呈金黄色后，捞出沥油。
3. 将蔬菜卤汁煮至沸腾，放入土豆块，以中火卤约2分钟即可。

342 麻辣卤汁

材料

干辣椒100克、花椒50克、朝天椒粉100克、细辣椒粉100克、姜末300克、西芹300克、水5000毫升、色拉油适量

卤汁

桂皮20克、陈皮10克、八角10克、丁香10克、桂枝30克、草果20克、豆蔻30克、三奈10克、罗汉果40克、孜然20克

调味料

辣椒酱600克、素蚝油200克、冰糖300克、黄豆酱200克

做法

1. 热锅，将干辣椒和花椒炒香后，放入调理机中打碎，备用。
2. 热锅，放入色拉油、辣椒酱、素蚝油，以中火略为拌炒，接着放入做法1的干辣椒粉、花椒粉及朝天椒粉和细辣椒粉拌匀。
3. 放入冰糖搅拌至溶化，再放入姜末拌炒至香气溢出，将所有辛香料炒匀后倒入汤锅中预备熬煮。
4. 把卤包放入锅中，以汤勺把汤汁淋上卤包，使卤包的材料均匀散出，然后放入西芹中和辣味，以小火煮约2小时，即为麻辣卤汁。

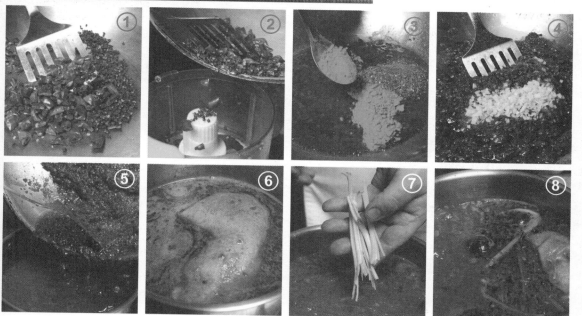

343 麻辣百叶豆腐

材料
百叶豆腐··········150克

调味料
麻辣卤汁··········500毫升
（做法请见p271）

做法
1. 百叶豆腐洗净，切成约1厘米厚的片，备用。
2. 热锅，倒入适量热色拉油，待油温热至150℃，放入百叶豆腐炸至呈金黄色后，捞出沥油。
3. 将麻辣卤汁煮至沸腾，放入百叶豆腐，以中火卤约5分钟，熄火浸泡10分钟捞起即可。

344 麻辣油豆腐

材料
油豆腐···········100克

调味料
麻辣卤汁······400毫升
（做法请见p271）

做法
1. 将麻辣卤汁煮至沸腾，放入油豆腐，以中小火卤约5分钟，熄火浸泡20分钟捞起。
2. 食用前，取出油豆腐切块即可。

注：可搭配卤四季豆一起食用。

345 麻辣豆包

材料
豆包················4块

调味料
麻辣卤汁······400毫升
（做法请见p271）

做法
1. 豆包洗净，捞起沥干备用。
2. 热锅，倒入适量热色拉油，待油温热至约140℃，放入豆包炸至呈金黄色捞起沥油。
3. 将麻辣卤汁煮至沸腾，放入豆包，以中小火卤约5分钟，熄火浸泡10分钟后捞起切条即可。

注：可搭配卤宽粉条一起食用。

346 麻辣臭豆腐

材料
臭豆腐·······················2块

调味料
麻辣卤汁······400毫升
（做法请见p271）
香油·················适量
椒麻酱···········1大匙

做法
1. 臭豆腐洗净沥干切块，备用。
2. 将麻辣卤汁煮至沸腾，放入臭豆腐，以小火卤约10分钟，熄火浸泡20分钟捞起。
3. 食用前加入椒麻酱及香油拌匀即可。

椒麻酱

材料：
辣椒酱50克、姜末30克、花椒末5克、糖50克、柠檬汁100毫升、水700毫升、水淀粉1大匙

做法：
1. 热锅，放入姜末以中火炒香，再放入辣椒酱、花椒末炒香。
2. 加入剩余材料煮至糖溶化即可。

347 麻辣花干

材料
花干……………………2块
酸菜………………… 适量

调味料
麻辣卤汁……500毫升
（做法请见p271）

做法
1. 将麻辣卤汁煮至沸腾，放入花干，以中小火卤约5分钟，熄火浸泡15分钟捞起切块。
2. 食用前加入酸菜拌匀即可。

348 麻辣芋头糕

材料
素芋头糕………200克

调味料
麻辣卤汁……500毫升
（做法请见p271）

做法
1. 素芋头糕洗净切厚片，备用。
2. 热锅，倒入少许热色拉油，放入素芋头糕干煎至两面呈金黄色，捞起沥油。
3. 将麻辣卤汁煮至沸腾，放入素芋头糕，以中小火卤约1分钟，熄火浸泡5分钟后捞起即可。

349 水果卤汁

材料
甘蔗300克、菠萝200克、苹果300克、哈密瓜200克、柠檬100克、西芹200克、水8000毫升

卤汁
甘草30克、八角60克、草果100克、小茴香40克、香叶40克、三奈50克

调味料
盐300克、冰糖100克

做法
1. 所有材料去皮洗净切块；卤包材料用清水稍微冲洗一下再放入棉布袋中，备用。
2. 把水倒入锅中，放入做法1的所有材料、卤包及所有调味料，以大火煮沸后，转小火熬煮约2小时至香甜味出来即可。

素食美味小贴士
水果放入卤汁中，一定要久煮才能将其甜味煮出来，所以在挑选食材时，不要选用不耐煮的水果，如木瓜或香蕉，否则卤汁容易变得糊烂。

350 卤鲜香菇

材料
鲜香菇…………300克

调味料
水果卤汁……600毫升
（做法请见本页）

做法
1. 鲜香菇洗净，用干纸巾擦干，表面切十字花，备用。
2. 将水果卤汁煮至沸腾，放入鲜香菇，以中火卤约3分钟后，捞起即可。

351 卤芥蓝

材料
芥蓝……………200克
香油………………适量

调味料
水果卤汁……400毫升
（做法请见p275）

做法
1. 芥蓝洗净备用。
2. 将水果卤汁煮至沸腾，放入芥蓝，以中火卤约2分钟捞起。
3. 食用前切段，再淋入香油即可。

素食美味小贴士
芥蓝虽然是绿叶类蔬菜，但它的茎梗较大，老一辈也会叫它"隔暝仔菜"。又因为它耐烹煮，吃不完可以再次热来吃，所以拿来卤烫非常合适。

352 毛豆荚

材料
毛豆荚…………300克
香油………………适量

调味料
水果卤汁……400毫升
（做法请见p275）

做法
1. 毛豆荚洗净备用。
2. 将水果卤汁煮至沸腾，放入毛豆荚，以中小火卤约2分钟捞起，食用前淋入香油即可。

素食美味小贴士
毛豆荚选购时注意：外观要呈鲜绿色，没有呈暗红色或发黄；卤的时候也不需要先将粗的纤维撕除，洗净后直接放入锅中卤制即可。

353 卤素米血

材料
素米血…………300克

调味料
水果卤汁……600毫升
（做法请见p275）

做法
1. 素米血洗净捞起沥干，切方块备用。
2. 热锅，倒入适量热色拉油，待油温热至约140℃，放入素米血炸至边像呈金黄色，捞出沥油。
3. 将水果卤汁煮至沸腾，放入素米血，以中小火卤约5分钟，熄火浸泡10分钟捞起即可。

354 素香卤汁

材料

A 草果·····················1颗
  小茴香··················3克
  花椒·····················4克
  甘草·····················3克
  八角·····················5克
B 姜·····················50克
  香菇蒂··················50克
  水···············1500毫升
  酱油···········450毫升
  糖·····················100克

做法

1. 将材料A全部放入卤包棉袋中，绑紧备用。
2. 姜拍松，与香菇蒂一起放入汤锅中，倒入水煮至沸腾，加入酱油。
3. 待汤锅再次沸腾，加入糖、卤包，改小火煮约20分钟至香味散发出来即可。

素食美味小贴士

素香卤汁是专为吃素者而设计的，因为不能添加常用来加味的葱或蒜，这时香菇蒂可就好用了，虽然硬硬的口感较差，但很适合用来煮高汤，也能使卤汁更香醇。

355 香卤素肚

材料
素猪肚·················2个

调味料
素香卤汁····2000毫升
（做法请见p277）
香油··················适量

做法
1. 热油锅至油温约150℃，放入素肚以大火炸约3分钟至表面呈金黄色，捞出沥干油脂，备用。
2. 在煮沸的素香卤汁中放入素肚，改小火让卤汁保持在略为沸腾状态。
3. 约10分钟后熄火，再浸泡约20分钟，取出沥干刷上香油即可。

356 五香豆干

材料
五香豆干··············5片

调味料
素香卤汁····2000毫升
（做法请见p277）

做法
1. 五香豆干洗净后沥干水分，备用。
2. 将素香卤汁煮至沸腾，放入五香豆干，改小火让卤汁保持在略为沸腾的状态。
3. 卤约10分钟后熄火，浸泡约50分钟，取出沥干水分，刷上香油即可。

357 菊花卤汁

材料
菊花300克、甘菊600克、姜300克、水3000毫升

卤包
人参须50克、川芎10克、桂枝20克、八角50克、陈皮10克、甘草30克、枸杞子30克

调味料
盐100克、冰糖50克

做法
1. 甘蔗洗净，放上火炉上烤至香气溢出，剁成块，备用。
2. 把水倒入锅中，再放入菊花、姜片、卤包、所有调味料及甘蔗，以大火煮沸后，转小火熬煮约30分钟即可。

素食美味小贴士
菊花卤汁重点是将菊花的香气煮出来就好，若煮太久，菊花就会因组织被破坏而散成一瓣瓣。因此，建议大家在使用花类材料时，用棉布袋装起来再下锅。

358 卤素萝卜糕

材料
素萝卜糕………150克

调味料
菊花卤汁……500毫升
（做法请见p279）

做法
1. 将素萝卜糕洗净，切厚片备用。
2. 热锅，倒入适量油，将素萝卜糕片放入，煎至两面略为金黄。
3. 将菊花卤汁煮沸后转中小火，放入素萝卜糕片卤约1分钟，再泡5分钟至入味即可。

素食美味小贴士
萝卜糕煮太久会容易碎散开，因此在卤萝卜糕的时候要特别注意时间上的掌控，以免煮太久松散成糊状。

359 卤西红柿

材料
西红柿…………150克

调味料
菊花卤汁……500毫升
（做法请见p279）

做法
1. 先将西红柿洗净切块备用。
2. 将菊花卤汁煮至沸腾后转中火，放入西红柿块卤约1分钟捞出即可。

注：可与卤金针菇一起食用。

360 茶香卤汁

材料
茶叶100克、姜300克、水3000毫升

调味料
盐50克、酱油200克、冰糖50克

卤包
八角10克、桂皮5克、甘草10克、香叶5克、沙姜10克、草果5克、丁香3克、小茴香5克、红枣50克

做法
1. 姜洗净切片，放入油锅中炒香，盛起备用。
2. 把水倒入锅中，放入所有调味料、卤包、茶叶及姜片，以大火煮沸后，转小火炖煮约30分钟即可。

素食美味小贴士
　　一般茶叶其实都适合用来做茶香卤汁，但是普洱茶因为味道太重，所以比较不适合，像是红茶茶叶就非常适合，做出的卤汁不但有足够的茶香，也有红卤汁般的色泽。

361 卤豆皮

材料
豆皮…………100克

调味料
茶香卤汁……600毫升
（做法请见本页）

做法
1. 先将豆皮泡入冷水中至软后取出。
2. 将茶香卤汁煮至沸腾，放入泡软的豆皮，转小火卤约3分钟至入味即可。

素食美味小贴士
　　豆皮以黄豆油炸制而成，已通过油炸去水分，购买后不需收进冰箱，只要置于阴凉处即可；炸得脆硬的豆皮料理时需要吸收大量汤汁才能被软化。

362 卤茭白

材料
茭白……………200克
香油……………适量

调味料
茶香卤汁……600毫升
（做法请见p281）

做法
1. 茭白剥壳、削去粗纤维备用。
2. 将茶香卤汁煮至沸腾，放入茭白，以中小火卤约3分钟至入味捞起切块。
3. 食用前将茭白块淋入香油拌匀即可。

363 魔芋鱿鱼

材料
魔芋……………120克

调味料
茶香卤汁………400克
（做法请见p281）

做法
1. 先将魔芋洗净切十字刀，再切成片。
2. 将茶香卤汁煮沸后转小火，放入魔芋片卤约4分钟即可。

素食美味小贴士
通常加工食品买回来的时候，先不要洗好放着当备料，等要卤时再洗即可，否则容易把保鲜的材质洗掉而导致食品变质。

364 卤四方豆干

材料
四方豆干………100克

调味料
茶香卤汁……400毫升
（做法请见p281）

做法
1. 先将四方豆干用水洗净。
2. 将茶香卤汁煮沸后放入四方豆干，转中火卤约10分钟后再泡20分钟。
3. 食用前再将卤好的四方豆干切条即可。

365 紫米蔬食卤汁

材料
生紫米…………300克

调味料
蔬菜卤汁
…………3000毫升
（做法请见p266）

做法
1. 将生紫米放入水中浸泡30分钟后，捞起放入调理机中打成泥，备用。
2. 蔬菜卤汁煮沸后，放入紫米泥，以小火熬煮约30分钟即可。

素食美味小贴士
紫米富含铁质，有补血功效。而先把紫米先放入果汁机搅碎的目的，是为了使紫米易溶于卤汁中，让其快速入味，也更能煮出紫米的香气。

366 卤素腰花

材料
素腰花…………300克

调味料
紫米蔬食卤汁
…………700毫升
（做法请见本页）

做法
1. 素腰花洗净捞起沥干备用。
2. 将紫米蔬食卤汁煮至沸腾，放入素腰花，以中小火卤2~3分钟即可。

367 卤秋葵

材料
秋葵·················150克

调味料
紫米蔬食卤汁··600毫升
　（做法请见p283）
姜末酱·············2大匙
　（做法请见p269）

做法
1. 秋葵洗净去蒂头备用。
2. 将紫米蔬食卤汁煮至沸腾，放入秋葵，以中火卤约2分钟捞起。
3. 食用前淋入姜末酱拌匀即可。

368 卤莲藕

材料
莲藕·················300克
香油·················适量

调味料
紫米蔬食卤汁600毫升
　（做法请见p283）
甜辣酱·················适量

做法
1. 莲藕用刷子刷去泥土、去蒂头并切成薄片，泡入盐水约5分钟捞起沥干，备用。
2. 将紫米蔬食卤汁煮至沸腾，放入莲藕片，以中小火卤约5分钟捞起。
3. 食用前淋入甜辣酱及香油拌匀即可。

甜辣酱
材料：
辣椒酱100克、番茄酱30克、糖40克、水600毫升、水淀粉1大匙
做法：
1. 热锅，放入姜末以中火炒香，再放入辣椒酱、花椒末炒香。
2. 加入剩余材料煮至糖溶化即可。

369 清蒸素饺

材料

上海青600克、五香豆干150克、鲜香菇6朵、胡萝卜1条、炸豆包2块、粉条1把、姜末少许、水饺皮600克

调味料

盐1大匙、素高汤粉1大匙、胡椒粉1大匙

做法

1. 胡萝卜、上海青、香菇洗净剁碎，用手拧干水分，备用。
2. 五香豆干、炸豆包切碎；粉条泡软剪小段，备用。
3. 热油锅，放入少许油烧热，以中火爆香少许姜末后放入胡萝卜碎、上海青碎、香菇碎以中火拌炒至香味四溢，再加入五香豆干碎、粉条段以及所有调味料拌炒均匀，此即为内馅。
4. 取水饺皮依序包入内馅捏紧封口，将捏好的蒸饺放入蒸笼中以中大火蒸煮7~8分钟即可。

370 素碗粿

材料

A 粘米粉150克、澄粉20克、素高汤500毫升
B 鲜香菇3朵、萝卜干30克、胡萝卜10克、素肉酱80克、香菜少许

调味料

酱油250毫升、胡椒粉1大匙、盐1小匙、高汤1大匙、细砂糖1小匙、香油1小匙

做法

1. 香菇洗净切小丁；胡萝卜去皮洗净切小丁；萝卜干稍微洗去过多盐分，沥干水分后切小丁；香菜洗净切段，备用。
2. 将粘米粉、澄粉以及素高汤调匀后倒入锅中以小火加热，一边搅拌至粉浆呈浓稠状，再移至蒸笼中以大火蒸煮约30分钟。
3. 热锅，加入少许油烧热，加入香菇丁、胡萝卜丁以及萝卜干丁爆香，再加入所有调味料拌炒均匀制成粿馅。
4. 将粿馅和素肉酱加入做法2的碗粿上，继续蒸煮约8分钟，食用时加入香菜段和甜辣酱即可。

371 香菇笋丁素蒸饺

材料
冬笋·················100克
泡发香菇··········50克
豆干··················80克
胡萝卜··············50克

调味料
素高汤··········50毫升
素蚝油··············1大匙
香菇粉··········1/2小匙
细砂糖··········1/2小匙
水淀粉··············1大匙

做法
1. 冬笋、泡发香菇洗净切丁；豆干切丁；胡萝卜洗净并沥干水分后，去皮切丁，备用。
2. 将做法1的所有材料放入沸水中氽烫后捞起并沥干水分，备用。
3. 起锅，放入1大匙油，加入做法2的所有材料以小火炒香后，再加入素高汤、素蚝油、香菇粉及细砂糖，以小火煮约1分钟后，再加入水淀粉勾芡即成香菇笋丁素馅。
4. 在每张澄粉皮上，放入约24克香菇笋丁素馅后，包成蒸饺形状。
5. 将蒸饺放入蒸锅中蒸熟即可。

372 三色素香饺

材料
上海青600克、鲜香菇6朵、胡萝卜1个、五香豆干150克、炸豆包2块、粉条1把、姜末少许、三色水饺皮600克

调味料
盐1大匙、素高汤粉1大匙、胡椒粉1大匙

做法
1. 胡萝卜、上海青、香菇洗净剁碎，用手拧干水分，备用。
2. 五香豆干、炸豆包切碎；粉条泡软剪小段，备用。
3. 热油锅，放入少许油烧热，以中火爆香少许姜末后，放入胡萝卜碎、上海青碎、香菇碎以中火拌炒至香味四溢，再加入五香豆干碎、粉条段以及所有调味料拌炒均匀，此即为内馅。
4. 依序将三色水饺皮包入内馅捏紧封口；烧一锅沸腾的水，放入捏好的水饺，以中大火煮3~5分钟，待水饺浮起后捞出即可。

373 锅贴 蛋奶素

材料

A 鸡蛋1个、上海青5棵、干香菇5朵、竹笋1/2根、姜3片、油豆包5个、粉丝1/2把
B 水饺皮20片
C 面粉1杯、水1杯

调味料

香油1大匙、盐小匙

做法

1. 鸡蛋打散,以小火煎成蛋皮后切丝;上海青洗净,以沸水汆烫,捞出挤干水分并切末备用。
2. 香菇以冷水泡软切丝;竹笋洗净切末;姜切末;油豆包切丝;粉丝以冷水泡软切成段,备用。
3. 将做法1、做法2中所有的材料及所有调味料一起放入调理盆中,搅拌均匀即为内馅,取水饺皮包入馅料制成锅贴。
4. 先将材料C调成面水,热平锅,加入2小匙油,排入锅贴后,加入面水大火烧开,改小火烧至面水烧干,最后加入1小匙油略煎一下即可。

素食美味小贴士

煎锅贴时,一定要加入面水,这样可让锅贴煎出均匀漂亮的底面。

374 红烧面

材料

胡萝卜1个、白萝卜1个、素肉块300克、菠菜6棵、姜片2片、辣豆瓣酱3大匙、圆生面条600克、卤包1包

调味料

酱油3大匙、五香粉1小匙、盐2大匙、素高汤粉1大匙、细砂糖2大匙、水1500毫升

做法

1. 白萝卜、胡萝卜去皮切大块备用。
2. 煮一锅沸腾的水,将素肉块煮至软化捞出;菠菜洗净汆烫备用。
3. 热锅,放入少许油烧热,以中火爆香姜片和辣豆瓣酱,再加入所有调味料和卤包煮至沸腾,放入胡萝卜块、白萝卜块和素肉块,以小火卤约50分钟。
4. 在锅中放入圆生面条,以中大火煮至面条熟透,放上菠菜即可。

红烧卤包配方

材料: 红椒1个、姜片5片、当归5片、八角5粒、桂皮1小片
做法: 将所有卤包材料装入棉布袋中,袋口以线绳绑紧即可。

375 红曲面

材料
红曲面··········150克

调味料
菊花卤汁······500毫升
（做法请见p279）
酸菜··················10克

做法
1. 先将红曲面放入沸水中煮约1分钟，再捞起过冷水沥干，备用。
2. 将菊花卤汁煮至沸腾后转中小火，放入红曲面卤约2分钟捞起沥干水分。
3. 食用前放入酸菜拌匀即可。

素食美味小贴士
　　面条在煮熟后，可以过一下冷开水，让面条的口感更为滑嫩，不过可别浸泡太久，否则反而会让面条变得糊烂。

376 酸辣汤面

材料
拉面··················500克
盒装豆腐··········1块
竹笋··················1根
金针··················20支
胡萝卜··············1个
木耳··················3朵
香菇··················3朵
鸡蛋··················3个
金针菇··············1包
香菜··················少许

调味料
酱油··················3大匙
香菇粉··············2大匙
盐······················1大匙
素高汤粉··········1大匙
素高汤··············800毫升
白醋··················适量
胡椒粉··············1/2小匙

做法
1. 竹笋、胡萝卜、木耳以及香菇洗净切丝，依序汆烫；盒装豆腐切条备用。
2. 鸡蛋打散成蛋液；金针洗净泡软去蒂头后打结；金针菇洗净去根部；香菜洗净切段，备用。
3. 煮一锅沸腾的水，将拉面煮至熟透后捞起备用。
4. 将素高汤煮至沸腾，放入竹笋丝、胡萝卜丝、木耳丝、香菇丝、金针以及所有调味料，以小火煮至沸腾，加入蛋液和金针菇，再以水淀粉勾芡淋于面条上，食用时放上香菜，淋上少许红油即可。

377 养生蟹黄丝瓜面

材料
丝瓜·············250克
黑木耳············10克
姜···············15克
胡萝卜·············20克
山药·············30克
水···········1000毫升

调味料
盐·············1小匙
糖···········1/2小匙

中药材
当归·············5克
枸杞子············10克

做法
1. 丝瓜、山药、姜去皮后切成细丝；黑木耳洗净切丝；胡萝卜用汤匙刨成泥备用。
2. 将水煮沸后，把中药材放入煮15分钟。
3. 姜丝、胡萝卜泥先入锅爆香。
4. 把做法3的材料和其他食材一起放入药材汤中，待所有食材煮熟后，加入所有调味料即可。

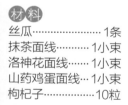

378 蚝油素捞面

材料
丝瓜·············1条
抹茶面线·········1小束
洛神花面线········1小束
山药鸡蛋面线···1小束
枸杞子············10粒

调味料
香菇素蚝油······3大匙
姜汁·············1大匙
素高汤粉·········1小匙
细砂糖···········2大匙
茶油·············2大匙
香油·············1大匙
水···············1杯

做法
1. 枸杞子放入烤箱中，以100℃的温度烘烤约8分钟，备用。
2. 丝瓜去皮切厚片，放入沸腾的水中汆烫，捞起冲冷水至冷却，沥干水分摆盘备用。
3. 煮一锅沸腾的水，将材料中的面线煮熟捞起，在冰开水中漂洗至冷却，用叉子或筷子将面线卷成圆球，再放在丝瓜厚片上。
4. 另热一锅，倒入姜汁、香菇素蚝油、素高汤粉、细砂糖以及水，以中火调匀酱汁，再加入少许水淀粉（分量外）勾薄芡，起锅前加入茶油和香油调匀，淋在面线上，再摆上枸杞子作装饰即可。

379 人参枸杞健康粥

材料
米饭1碗、圆白菜60克、四季豆30克、胡萝卜10克、金针菇40克、杏鲍菇30克、鸿禧菇50克、香菜少许、水1600毫升

调味料
盐1大匙、白胡椒粉1小匙

中药材
人参须10克、枸杞子5克、淮山5克、红枣6颗、桂圆干10克

做法
1. 圆白菜、胡萝卜洗净后切成细丝；四季豆洗净切丁备用。
2. 将水煮沸后，把中药材和圆白菜丝、胡萝卜丝放入煮15分钟，再把米饭和四季豆丁倒入其中搅匀开来。
3. 加入所有菇类，拌煮至饭粒呈糊状，放入所有调味料，再撒上香菜即可。

素食美味小贴士
中药材要先用沸水熬煮约15分钟，药材的香气才会浓郁。

380 清心粥

材料
糖米	1杯
绿豆	30克
小米	1/4杯
薏米	10克
莲子	10颗
紫山药丁	100克
枸杞子	5克
鲜百合	1颗
水	2000毫升

调味料
| 甘蔗汁 | 450毫升 |
| 冰糖 | 60克 |

做法
1. 糖米、绿豆、小米、薏米洗净，一起泡冷水约4小时后，沥除水分；将糖米、绿豆、小米加入材料中的水，放入蒸笼中蒸煮约1小时。
2. 待糖米、绿豆、小米、薏米煮成稀状时，倒入甘蔗汁再蒸煮约20分钟，接着加入紫山药丁、枸杞子、鲜百合、莲子，继续蒸煮约8分钟即可。

381 味噌烤饭团

材料

米饭…………1碗
素肉…………50克
杏鲍菇…………1根
姜……………15克
香油…………1大匙
七味辣椒粉1小匙
海苔粉………适量

调味料

盐………………少许
黑胡椒…………少许
味噌酱………1大匙

做法

1. 将杏鲍菇、素肉都切小丁；姜洗净切末，备用。
2. 热锅，倒入1大匙香油，加入做法1的材料以中火爆香，再加入盐、黑胡椒炒匀后，起锅备用。
3. 将米饭摊开包入味噌酱、做法2的炒料，塑成圆饼型。
4. 将包好的饭团放入烤箱中烤上色，撒上七味辣椒粉、海苔粉装饰即可。

素食美味小贴士

米饭非常容易粘手，所以在包饭团的时候可以先将双手沾湿，或将米饭摊在塑料袋上，隔着塑料袋捏饭团，都能有效防止米饭粘手。

382 滴水寿司 蛋奶素

材料

寿司饭………5碗

内馅

鸡蛋…………5个
小黄瓜………2条
胡萝卜条………5条
素蟹肉棒………5根
海苔片…………5片
素香松…………50克
圆白菜丝………60克
蛋黄酱…………适量

外馅

细胡萝卜泥··适量
素海菜丝……适量
熟黑芝麻……少许

做法

1. 鸡蛋打匀，加少许盐（分量外）拌匀成蛋液，热锅放少许油烧热，倒入蛋液，以中小火煎熟，一边整理成长条状蛋条，熟透后起锅备用。
2. 胡萝卜条汆烫至熟；素蟹肉棒洗净汆烫；小黄瓜洗净切条；圆白菜丝洗净沥干水分，备用。
3. 取一寿司用竹帘，覆上保鲜膜并撒上适量外馅材料，铺上适量寿司饭上方铺一张海苔片抹上少许蛋黄酱，再将蛋条、胡萝卜条、素蟹肉棒、小黄瓜条、圆白菜丝以及素香松依序放在海苔上，在竹帘的辅助下，连同保鲜膜一起卷成圆筒状再整型成水滴状，食用前切片即可。

383 素肉臊饭

材料
A 酱油3大匙、冰糖1小匙、五香粉1/2小匙、肉桂粉1/2小匙、水700毫升
B 米饭1碗

调味料
干香菇蒂头30克、姜末40克、竹笋末50克、豆干末80克

做法
1. 干香菇泡发后,剪下取蒂头,剁成碎末备用。
2. 取锅烧热,加入少许油,放入香菇蒂头碎爆炒干,再加入其余材料炒香,最后加入调味料焖煮约35分钟制成素肉臊。
3. 将素肉臊淋在米饭上即可。

384 和风芋香炊饭

材料
白米2杯、水1.8杯、芋头200克、牛蒡50克、魔芋块100克、毛豆30克、胡萝卜20克

调味料
海带酱油1大匙、米酒1大匙、盐少许

做法
1. 白米洗净,在清水中浸泡10~15分钟,沥干备用。
2. 芋头去皮切粗丁;牛蒡用刀背刮去表皮,用刨刀刨成细丝,泡水后沥干备用;魔芋块放入沸水中氽烫2分钟后切粗丁;胡萝卜去皮切细丝;毛豆氽烫后泡冷水备用。
3. 将做法1、做法2的材料(毛豆除外)以及所有调味料、水放入电锅中拌匀,按下煮饭键煮熟后翻松,继续焖10~15分钟,拌入毛豆即可。

385 鲜蔬杂粮炊饭

材料
十谷米·················1杯
水·····················2杯
玉米粒·················30克
胡萝卜·················30克
莲藕···················50克
芹菜···················1棵
芦笋···················2根
竹笋···················60克

调味料
盐·················1/2小匙
味醂················1大匙

做法
1. 十谷米洗净,在清水中浸泡2~3小时,沥干备用。
2. 胡萝卜、莲藕去皮切粗丁;芹菜、芦笋、竹笋洗净切粗丁,备用。
3. 将做法1做法、做法2的材料以及玉米粒、所有调味料、水放入电锅中拌匀,按下煮饭键煮熟后翻松,继续焖30分钟即可。

386 鲍菇炊饭 蛋奶素

材料
白米2杯、水1.8杯、杏鲍菇300克、奶油1大匙

调味料
酱油1小匙、味酥1小匙、柴鱼酱油1大匙、米酒1大匙、盐少许、七味粉少许

做法
1. 白米洗净，在清水中浸泡10～15分钟，沥干备用。
2. 杏鲍菇洗净切片备用。
3. 热锅，放入少许油，再放入奶油烧至融化，放入杏鲍菇片煎至两面上色，再加入调味料A拌炒均匀，取出备用。
4. 将做法1、做法3的材料以及调味料B、水放入电锅中拌匀，按下煮饭键煮熟后翻松，继续焖10～15分钟，撒上七味粉即可。

387 腐皮笋香饭

材料
白米1又1/2杯、糯米1/2杯、水2杯、生腐皮50克、绿竹笋100克、珍珠菇60克

调味料
盐1/3小匙、米酒1大匙、蜂蜜1大匙

做法
1. 白米洗净，在清水中浸泡10～15分钟，沥干放置30分钟；糯米洗净，在清水中浸泡2～3小时后沥干，备用。
2. 绿竹笋去壳切片，生腐皮氽烫撕成片，珍珠菇洗净拧干水分备用。
3. 将做法1、做法2所有材料以及所有调味料、水放入电锅中拌匀，按下煮饭键煮熟后翻松，继续焖15分钟即可。

388 缤纷素饭

材料
白米2杯、水2杯、苹果1/2个、地瓜100克、蔓越莓干30克、葡萄干20克、毛豆20克

调味料
盐2克、味酥1/2大匙

做法
1. 白米洗净，在清水中浸泡10～15分钟，沥干放置30分钟备用。
2. 苹果去籽切粗丁；地瓜去皮切粗丁后洗去表面多余淀粉质；毛豆氽烫泡冷水冷却后沥干，备用。
3. 将做法1、做法2的材料（毛豆除外）以及蔓越莓干、葡萄干、所有调味料、水放入电锅中拌匀，按下煮饭键煮熟后翻松，继续焖10～15分钟，拌入毛豆即可。

389 鲜果炊饭

材料
白米……………2杯
水………………1.8杯
苹果……………1个
巨峰葡萄………12颗

调味料
细砂糖…………1大匙
盐………………1/3小匙
色拉油…………1大匙

做法
1. 白米洗净，在清水中浸泡10~15分钟，沥干备用。
2. 苹果去籽切粗丁；葡萄洗净，备用。
3. 热锅，倒入1大匙色拉油，放入细砂糖煮至焦糖色，放入苹果丁与巨峰葡萄拌裹均匀，取出备用。
4. 将做法1、做法3的材料以及盐与水放入电锅中拌匀，按下煮饭键煮熟后翻松，继续焖10~15分钟即可。

390 时蔬炊饭

材料
白米1杯、五谷米1杯、水2杯、牛蒡1/4根、金针菇1/2包、绿竹笋100克、胡萝卜30克、鲜香菇2朵、甜豆荚3片

调味料
盐少许、味醂1/2大匙

做法
1. 白米洗净，在清水中浸泡10~15分钟，沥干备用；五谷米略洗，泡水2~3小时，沥干备用。
2. 牛蒡用刀背刮除表皮后刨细丝；金针菇去蒂，对半切断；甜豆荚汆烫后泡水冷却；绿竹笋、胡萝卜去皮切丝；鲜香菇切丝，备用。
3. 热锅，倒入适量油，放入做法2的所有材料炒至干香，再放入盐拌匀，取出备用。
4. 将做法1、做法3的材料与味醂、水放入电锅中拌匀，按下煮饭键煮熟后翻松，继续焖10~15分钟即可。

391 拌饭素肉饭

材料
白米……………2杯
水………………2杯
素拌饭拌面酱…150克
芹菜……………2棵

调味料
砂糖……………少许
盐………………少许
白胡椒…………少许

做法
1. 白米洗净，在清水中浸泡约20分钟，沥干备用。
2. 芹菜切碎备用。
3. 将做法1、做法2所有材料以及所有调味料、水依序放入电锅，最后加入素拌饭拌面酱。按下煮饭键煮至开关跳起，翻松材料再焖10~15分钟即可。

392 瓜仔蔬菜饭

材料

白米·····················2杯
水·······················2杯
什锦三色豆···········15克
素火腿·················30克
罐头素瓜仔肉·······1罐

调味料

盐·······················少许
白胡椒·················少许

做法

1. 白米洗净，在清水中浸泡约20分钟，沥干备用。
2. 素火腿切小丁备用。
3. 将白米、三色豆、素火腿放入电锅中，再加入罐头素瓜仔肉和水，按下煮饭键煮至开关跳起，翻松材料再焖10～15分钟即可。

393 坚果黑豆饭

材料

白米2杯、红米30克、水1.8杯、黑豆20克、松子15克、胡桃15克、核桃15克、香油1小匙

调味料

盐1小匙

做法

1. 白米洗净，在清水中浸泡10～15分钟，沥干备用；红米略洗浸泡2～3小时，沥干备用。
2. 黑豆洗净沥干，放入干锅中以小火拌炒至香味散出，且表皮略为爆开，取出备用。
3. 将核桃、胡桃切丁与松子一起入干锅中拌炒至香味散出，取出备用。
4. 将做法1、做法2、做法3的所有材料以及香油、水放入电锅中，按下煮饭键煮至开关跳起，翻松材料再焖10～15分钟即可。

394 栗香饭

材料

尖糯米·················2杯
水·······················2杯
干栗子·················12颗
黑芝麻·················适量

调味料

水·····················45毫升
盐·······················3克
味酥·················1小匙

做法

1. 尖糯米洗净，在清水中浸泡60分钟，沥干备用。
2. 干栗子泡温水30分钟，沥干备用。
3. 将调味料A均匀混合成盐水备用。
4. 将做法1、做法2的材料以及水、味酥放入电锅中拌匀，按下煮饭键煮熟后，撒上盐水，拌匀翻松，继续焖10～15分钟，食用前撒上黑芝麻即可。

图书在版编目（CIP）数据

天天爱吃素 / 杨桃美食编辑部主编 . -- 南京：江
苏凤凰科学技术出版社，2016.12
（含章·好食尚系列）
ISBN 978-7-5537-5068-2

Ⅰ . ①天… Ⅱ . ①杨… Ⅲ . ①素菜－菜谱 Ⅳ .
① TS972.123

中国版本图书馆 CIP 数据核字 (2015) 第 164240 号

天天爱吃素

主　　　编	杨桃美食编辑部	
责 任 编 辑	张远文　　葛　昀	
责 任 监 制	曹叶平　　方　晨	

出 版 发 行	凤凰出版传媒股份有限公司 江苏凤凰科学技术出版社
出版社地址	南京市湖南路 1 号 A 楼，邮编：210009
出版社网址	http://www.pspress.cn
经　　销	凤凰出版传媒股份有限公司
印　　刷	北京富达印务有限公司

开　　　本	787mm × 1092mm　　1/16
印　　　张	18.5
字　　　数	240 000
版　　　次	2016年12月第1版
印　　　次	2016年12月第1次印刷

标 准 书 号	ISBN 978-7-5537-5068-2
定　　　价	45.00元

图书如有印装质量问题，可随时向我社出版科调换。